Die Wege der Vögel

Helmut Satz

Die Wege der Vögel

Orientierung und Navigation in der Vogelwelt

Helmut Satz
Fakultät für Physik
Universität Bielefeld
Bielefeld, Deutschland

ISBN 978-3-662-72842-0   ISBN 978-3-662-72843-7 (eBook)
https://doi.org/10.1007/978-3-662-72843-7

Die Deutsche Nationalbibliothek verzeichnet diese Publikation in der Deutschen Nationalbibliografie; detaillierte bibliografische Daten sind im Internet über https://portal.dnb.de abrufbar.

Deutsche Übersetzung der 1. englischen Originalauflage erschienen bei Springer Nature Switzerland, 2025

Planung/Lektorat: Caroline Strunz
Springer ist ein Imprint der eingetragenen Gesellschaft Springer-Verlag GmbH, DE und ist ein Teil von Springer Nature.
Die Anschrift der Gesellschaft ist: Heidelberger Platz 3, 14197 Berlin, Germany

Die wunderbare Sicherheit, mit welcher sich alljährlich die Zugvögel über unsere gemässigten Breiten nord- und südwärts getrieben fühlen; die Unfehlbarkeit, mit der sie bei diesen Hin- und Zurückwanderungen ihre Zeiten wahrnehmen, sich ihrer Flugrichtung bewusst sind, ohne irgend zu zweifeln oder zu schwanken – mussten schon in den ältesten Zeiten die Gemüther der Völker an denen sie vorübereilten, auf das Mächtigste anregen.

Alexander von Middendorff

Die Isepiptesen Russlands

St. Petersburg 1855

Vorwort

Vögel waren schon immer und zu allen Zeiten ein wesentlicher Teil unseres menschlichen Daseins, und ihre Anwesenheit hat unsere Existenz bereichert. Sie erinnern uns täglich daran, dass wir nicht allein sind auf dieser Erde. Ihr Gesang weckt uns am Morgen, begleitet uns tagsüber, und beim Einschlafen hören wir das Lied der Nachtigall. In unserer globalen Welt bleibt die Taube das Symbol für Frieden und für Liebe, und der Adler bedeutet Stärke und Freiheit. Und lange bevor die Menschen gelernt haben, in ferne Regionen der Erde zu reisen, haben Vögel das mit großer Leichtigkeit und Regelmäßigkeit getan.

Jahr um Jahr sind unzählige Vögel im Fluge auf unserem Planeten unterwegs, zu verschiedensten Zeiten und mit verschiedensten Zielen, allein und in Schwärmen. Diese weltweiten Reisen gehören zu den faszinierendsten und auch rätselhaftesten Vorkommnissen auf der Erde. Auch heute bleibt es ein Rätsel, wie die Vögel ihren Weg finden, und je mehr wir darüber lernen, desto rätselhafter wird es. Seevögel sind endlose Tage unterwegs auf dem offenen Meer, und dann kehren sie zielstrebig zurück zu einer einsamen Insel, wo ihr Küken auf sie wartet. Wie finden sie diese Insel? Schwalben im Vogelzug von Südafrika nach Europa werden Hunderte von Kilometern abgetrieben durch tropische Stürme – aber sie finden immer den Weg zurück zu der Scheune in dem Dorf, in dem sie geboren wurden.

Das Ziel dieses Buches ist es, die Probleme darzustellen und zu untersuchen, auf die man stößt, wenn man die Orientierung und Navigation von Vögeln verstehen will – und auch, einige erste Lösungen dieser Probleme anzugeben. Es gibt dabei verschiedene Problembereiche, auf die wir in entsprechenden Kapiteln eingehen werden.

Verschiedene Vogelarten, von Rotkehlchen bis zu Staren und Albatrossen, kann man an einen fernen Ort bringen, an dem sie noch nie waren, und trotzdem finden sie ihren Weg zurück. Wie schaffen sie das? Wir beschränken uns hier auf wilde Vögel, um mögliche menschliche Eingriffe auszuschließen, die Vögel mit besonderem Heiminstinkt bevorzugt hätten. Man stellt fest, dass viele Arten wilder Vögel tatsächlich über die erforderlichen Navigationsfähigkeiten verfügen, und so fragen wir uns, worauf diese Fähigkeiten beruhen und welche Beobachtungen ihnen zugrunde liegen.

Im Zeitalter von Weltraumsatelliten und Globalen Positionssystemen (GPS) ist es sicher sinnvoll uns daran zu erinnern, welche Navigationshilfen die Erde selbst anbieten kann, was wir aus solaren und stellaren Konstellationen lernen können, was geophysikalische und himmlische Anzeichen uns sagen können. Wie fanden die Griechen in der Antike ihren Weg im Mittelmeer, wie wollten Kolumbus und Vasco da Gama den Weg nach Indien finden, und wie wollte Magellan um die Welt kommen? Bartolomeo Dias erreichte als erster Europäer das Kap der Guten Hoffnung, aber damals hatten europäische Schwalben schon seit Urzeiten dieses Ziel ohne Schwierigkeiten gefunden. Welche Hilfen hatten sie (und haben sie noch), die das ermöglichen?

Um die Methoden und Hilfsmittel der Vögel in Detail zu untersuchen, ist eine Vielzahl von Studien und Experimenten erforderlich, und die kann man oft nicht mit wilden Vögeln ausführen. Es hat sich gezeigt, dass *Tauben* genau das sind, was wir brauchen. Man kann sie leicht zähmen und in großer Zahl züchten, und sie wurden schon seit langem dazu ausgebildet, den Weg zurück zu ihrem Taubenschlag zu finden. Die dafür erforderlichen Eigenschaften wurden züchterisch verstärkt, sodass sie auffälliger wurden und leichter identifizierbar. Und in der Tat haben wir von den Tauben vieles gelernt über die verschiedenen Methoden, die sie zur Navigation benutzen.

Eine unübersehbare Anzahl von Vögeln fliegt in jedem Herbst aus nördlichen in südliche Regionen, um dem abträglichen Winterklima zu entkommen, und in jedem Frühjahr kehren sie zurück nach Norden, wo sie vielfältige Futterquellen für die Aufzucht ihrer Jungen vorfinden. Diese Vogelzüge finden sowohl auf dem eurasischen wie auch auf dem amerikanischen Kontinent statt, und sie sind anscheinend bis zu einem gewissen Grad im Erbgut der Vögel verankert – ihre Gene sagen ihnen, wann sie abfliegen sollen, und in welcher Richtung. Das ist aber nicht immer der Fall, und kann durch soziale oder Umweltbedingungen modifiziert werden. Bei einigen Spezies müssen erfahrene ältere Vögel den jüngeren den Weg zeigen, und bei anderen können die älteren ihr Ziel auch dann noch finden, wenn man sie in unbekannte Regionen versetzt hat. Die Vögel benutzen in ihren Zügen die verschiedensten Reiseformen – allein oder in Schwärmen, bei Tag oder bei Nacht, über Land oder Meer.

Eines unserer letzten Kapitel ist einem ganz besonderen Vogel gewidmet, dem Albatros. An ihm zeigen sich uns besonders deutlich die Probleme, mit denen wir es zu tun haben. Der Albatros ist ein Symbol für Vogelflug und –navigation: abgesehen von den kurzen Zeitspannen, die er für Zucht und Brut verbringt, ist er im Allgemeinen weder lokalisiert noch lokalisierbar. Albatrosse umkreisen die Erde in weniger als zwei Monaten, und sie tun das mehrmals im Jahr. Und zehntausende von Kilometern entfernt von ihrem Brutplatz wissen sie genau, wie sie den einsamen Felsen in den Weiten des Ozeans wieder erreichen können. Wie sie das schaffen, das ist vielleicht bis heute die größte und am wenigsten gelöste Herausforderung in der Untersuchung der Navigation der Vögel.

Seit Urzeiten haben die Menschen sich gefragt, wo die Vögel sind, wenn wir sie nicht mehr sehen, wann und wohin sie ziehen, und wie sie ihre Wege finden. Aristoteles wusste, dass die Schwalben im Herbst verschwanden und im Frühjahr wieder erschienen. Er vermutete, dass sie sich in die Erde eingruben und dann im Frühjahr wieder hervorkamen. Heute, seit etwa hundert Jahren, wissen wir wesentlich mehr, vieles durch weltweite Beobachtungen. Wir wissen, dass die Schwalben des Nordens im Winter im Süden sind. Wir haben versucht, ihre Spur zu verfolgen, indem wir sie fingen, mit Ringen versahen und dann solche beringten Vögel wieder einfingen. In einer anderen Methode wurde verfolgt, in welche Richtung gefangene Vögel bei Freilassung verschwanden. In den vergangenen fünfzig Jahren sind verschiedene solche Untersuchungen über verschiedene Aspekte der Navigation von Vögeln erschienen.

Die letzten dreißig Jahre haben uns jedoch in ein neues und aufschlussreicheres Stadium der Untersuchungen gebracht. Der Auslöser waren immer kleinere und immer effektivere Miniaturpositionsanzeiger. Wir können heute beliebig kleine Sender an den Vögeln anbringen, von weniger als zwei Gramm Gewicht, Sender, die uns recht genau mitteilen, wann die Vögel wo sind, wie sie dahin gekommen sind, und wie sie durch irdische und klimatische Unregelmäßigkeiten beeinflusst wurden. Dadurch haben wir heute sehr viel mehr Information über ihre Reisen, und deshalb erscheint eine neue Zusammenfassung sinnvoll und hilfreich.

Ich möchte hier noch einmal betonen, dass die Fragestellung dieses Buches ist, wie Vögel die fast unglaublichen navigatorischen Leistungen erbringen können, die wir heute kennen. Wir wollen keinen systematischen Überblick des Vogelzugs bringen, oder von Fernflügen von Vögeln. Wir werden eine hoffentlich repräsentative Anzahl von Beispielen anführen, um die Problematik aufzuzeigen und mögliche Lösungen anzudeuten. Und wir werden dabei etwas lernen, das lange Zeit in der Untersuchung von Vogel-Navigation vernachlässigt wurde. Vögel haben die verschiedensten navigatorischen Hilfsmittel, und sie nehmen, was ihnen bei den gegebenen Umständen am meisten zusagt. In einigen Experimenten wurde die magnetische Orientierung von Tauben gestört, was jedoch keinen Effekt hatte. Das hieß aber nicht, dass die Vögel die Störung nicht bemerkt hatten; andere Experimente zeigten, dass sie das schon zur Kenntnis genommen hatten. Hier entschieden sie sich einfach, dem Sonnenkompass zu folgen. Viele Dinge kommen ins Spiel – die Spezies des Vogels, die Umgebung, das Wetter, und mehr. Die Frage hat zwei Zugänge – einen psychologischen: was macht der Vogel unter den gegebenen Umständen? – und einen biologischen: über welche Organe dazu verfügt der Vogel?

Und schließlich verbleibt die Entscheidung des Individuums. All unsere wissenschaftlichen Schlüsse sind letztlich statistisch. Wenn jedes Jahr eine Millionen Schwalben nach Nordamerika zurückkehren, nach einem Südsommer in Argentinien, und plötzlich entscheiden sich sechs Paare in Argentinien zu bleiben: wie können wir das in unsere Wissenschaft einbringen? Wir können nur abwarten, ob die

Statistik zunimmt, und selbst wenn sie das tut, wissen wir nicht, warum. Das Rätsel bleibt bestehen ….

Dies Buch, das ja hauptsächlich biologische Fragen behandelt, ist von einem Physiker geschrieben. Macht das einen Sinn? Ich glaube schon, in beiden Richtungen. Die Physik, als die grundlegende Naturwissenschaft, definierte zunächst die anzuwendende Forschungsmethode, auch für die Biologie. Heute sind wir da aber kritischer: in der Biologie finden die meisten Vorgänge nicht im Gleichgewicht statt. Und viele Physiker stellen fest, dass das auch in der Physik der Fall ist: die wirklich neue Physik behandelt Nichtgleichgewichtsphänomene. Der dänische Physiker Per Bak hatte bereits von zwanzig Jahren bemerkt, „die Gesetze der Physik sind einfach, aber die Natur ist komplex".

Bielefeld, Deutschland   Helmut Satz
Oktober 2025

Inhaltsverzeichnis

Abbildungsverzeichnis

1

Einleitung: die Heimkehr von AX6587

Ανδρα μοι εννεπε, Μονσα, πολντροπον, οσ μαλα
πολλα πλαγχθη …
*Erzähl mir, o Muse, von den Taten des vielgewanderten
Mannes, den es so weit getrieben …*

Homer (~750 B.C.) Die Odyssee, *Buch 1*

Homo Sapiens

Stell' dir vor, dass du gerade ins Bett gehen willst, als es an der Haustür klingelt. Du gehst hin und machst auf, und vor dir stehen zwei große, maskierte Personen. Sie ergreifen dich, knebeln dich, fesseln deine Hände hinter deinem Rücken und stülpen einen Sack über deinen Kopf. Dann bringen sie dich nach draußen, in was du für ein Auto hältst, und das letzte, woran du dich erinnern kannst, ist, dass sie einen nach Chloroform riechenden Schwamm in dein Gesicht drücken.

© Der/die Autor(en), exklusiv lizenziert an Springer-Verlag GmbH, DE, ein Teil von Springer Nature 2026
H. Satz, *Die Wege der Vögel,*
https://doi.org/10.1007/978-3-662-72843-7_1

Einige Zeit später kommt dein Bewusstsein kurz zurück und du hörst einen monotonen Brummton, den du für einen Düsenmotor hältst – sie haben dich anscheinend in einen Jet gebracht. Du wirst wieder bewusstlos, und als du dann endlich zu dir kommst, haben sie den Sack von deinem Kopf entfernt und deine Fesseln gelöst. Du erkennst, dass du auf einem Sandstrand sitzt, vor offenem Meer, bei blauem Himmel und Sonnenschein. Deine Ergreifer sind noch maskiert, aber sie versichern dir, dass sie nichts Böses vorhaben. „Es ist alles nur ein Experiment", sagen sie, „du hast genügend Nahrung für viele Tage, und wir lassen dir auch ein Boot hier". Dann besteigen sie einen in der Nähe geparkten Hubschrauber, der sich sofort erhebt und sie fortbringt.

Nachdem du deine Fassung etwas mehr wiedergewonnen hast, blickst du umher. Es zeigen sich keine Hinweise auf irgendwelche menschliche Anwesenheit. Du überprüfst deine Taschen und stellst mit Bedauern fest, dass sie dein Handy mitgenommen haben, und auch deine Armbanduhr ist weg. Ferner stellst du fest, dass der Strand Teil einer Art von Halbinsel ist, mit offenem Meer nach drei Seiten. Du hast keine Ahnung, wo du bist oder in welcher Richtung dein Zuhause oder irgendein anderes bewohntes Gebiet liegen könnte.

Was kannst du also tun? Wir werden sehen, dass für viele Arten von Vögeln, im Gegensatz zu Menschen, dies ein absolut lösbares Problem ist.

Puffinus Puffinus

Im Sommer des Jahres 1952 wurde eine solche, doch etwas erschreckende Geschichte Wirklichkeit für einen inzwischen berühmten Vogel, registriert als AX6587. Er gehörte zur Spezies der Atlantiksturmtaucher (*Puffinus puffinus*).

Abb. 1.1 Atlantiksturmtaucher (Puffinus puffinus). (Foto Martyn Jones)

Das sind etwa taubengroße Seevögel (Abb. 1.1), die im Sommer hauptsächlich in Wales, Schottland und Irland leben; Schätzungen führen auf ca. 300.000 Paare. Den Winter verbringen sie an der Küste von Brasilien und Argentinien. Sie ernähren sich von dem, was das Meer bietet, kleine Fische, Krabben, Quallen und mehr. Auf der Suche nach Nahrung überfliegen sie im Sommer einen Großteil des östlichen Nordatlantik, bis zu 1500 km von ihrer Heimat, und im Winter einen entsprechend großen Bereich des Südatlantik. Die so jährlich geflogene Strecke ist im Mittel in einer Richtung um die 10.000 km, sodass ein etwa 40 Jahre alter Vogel fast eine Millionen Kilometer geflogen ist. Sie fliegen knapp über der Meeresoberfläche und scheinen oft die Wellen zu berühren; ihr englischer Name ist daher *shearwater*.

Die Insel Skokholm in Wales ist das am dichtesten von Atlantiksturmtauchern bewohnte Gebiet in Europa. Sie leben hier in Erdlöchern, oft in Kaninchenhöhlen. Das Leben dieser Vögel wurde ausführlich untersucht in Pionierarbeiten des britischen Ornithologen Ronald M. Lockley, der am Skokholm Vogelobservatorium arbeitete. Wir kommen später noch auf weitere seiner Arbeiten zurück und betrachten hier nur das wesentlichste Ergbnis, für das er bekannt wurde.

Im Jahre 1952 hatten Lockley und sein Mitarbeiter Geoffrey T. Mathews von der Universität Cambridge zwei Sturmtaucher in ihren Kaninchenhöhlen gefangen; sie hatten dabei einen besonderen Plan. Kurz vorher hatten sie Rosario Mazzeo kennengelernt, den ersten Klarinettisten des Boston Symphonieorchesters, das in Großbritannien auf Tournee war und in Kürze nach Boston, Massachusetts, USA zurückfliegen sollte. Das erschien ihnen eine einmalige Gelegenheit, sie stellten Mazzeo ihren Plan vor, und er stimmte zu. Er sollte einen Kasten mit den zwei Sturmtauchern im Flugzeug nach Boston mitnehmen und sie dort freisetzen. Einer der beiden Vögel starb unglücklicherweise unterwegs; der andere, der heute berühmte AX6587, wurde am Mittag des 3. Juni 1952 in guter Verfassung bei strahlendem Sonnenschein am Flughafen Boston freigesetzt. Er kreiste dort kurz und flog dann ostwärts auf das Meer zu, den Atlantik.

Die Entfernung von Boston nach Skokholm beträgt rund 5000 km, in Gänze über offener See. Am 16. Juni 1952 um Mitternacht war AX6587 wieder in seiner Höhle auf Skokholm. Der Vogel brauchte somit 12,5 Tage für die Heimreise, also etwa 400 km/Tag oder 17 km/Stunde. Die typische Fluggeschwindigkeit dieser Vögel ist wesentlich höher, sodass unser Vogel gemächlich zurückgeflogen sein muss, mit etlichen Ruhepausen und Futtermöglichkeiten. Als der Sturmtaucher Boston verließ, hatte Mazzeo eine entsprechende Notiz an Lockley abgeschickt, mit normaler Post, also per Schiff und Bahn. Diese Notiz erreiche Skokholm einen Tag nach dem Sturmtaucher.

Wie konnte der Vogel so etwas schaffen? Wie konnte er wissen, wo er bei der Freilassung war und wie er von dort nachhause fliegen könnte?

Diese Fragen bilden eine wahre Herausforderung, und die wird das Thema dieses Buches sein. Ich kann aber höchstens erste Hinweise auf Antworten versprechen. Einen Aspekt sollte ich allerdings schon am Anfang erwähnen. Vögel sind schließlich komplexe Wesen, und sie erkennen viele Züge ihrer Umgebung, von denen etliche wiederum für Menschen nicht erkennbar sind. Die Vögel nehmen Landzeichen wahr, wie Flüsse, Küsten und Berge, Geruchsvariationen und Meeresströmungen. Sie registrieren die Sonne und den Mond, die Sterne, das geomagnetische Feld der Erde, Variationen in der Stärke der Schwerkraft, und mehr. Und sie lernen aus Erfahrung sowie von ihren älteren Begleitern. Lange Zeit hatten viele Ornithologen sich eine eindeutige Antwort erhofft, etwa „sie folgen dem Magnetfeld". Heute ist uns klar, dass sie möglicherweise durchaus *auch* dem Magnetfeld folgen, aber dass sie zusätzlich, je nach Belieben, alle anderen Möglichkeiten nutzen können und auch nutzen.

Literatur

R. M. Lockley, *Bird Navigation*, Times 28 (1952) 7.

G. V. T. Mathews, *Navigation of the Manx Shearwater*, J. Exp. Biol. 30 (1953) 370.

R. Mazzeo, *Homing of the Manx Shearwater*, The Auk 70 (1953) 200.

2

Navigationsbeweise

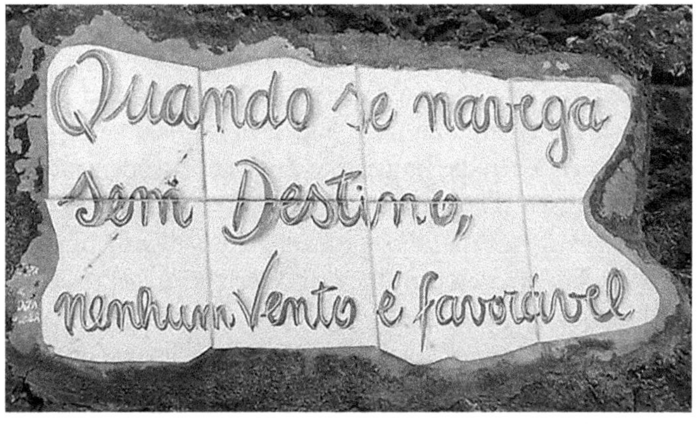

Wenn man ohne Ziel segelt, ist kein Wind günstig
(Warnung am Hafen von Ericeira/Portugal)

© Der/die Autor(en), exklusiv lizenziert an Springer-Verlag GmbH, DE, ein Teil von Springer Nature 2026
H. Satz, *Die Wege der Vögel*,
https://doi.org/10.1007/978-3-662-72843-7_2

Der Vogelzug hat der Menschheit seit Jahrhunderten Rätsel aufgegeben. Wie kann eine Hausschwalbe von unserer Scheune aus im Herbst nach Südafrika fliegen und im folgenden Frühjahr zu genau dieser Scheune zurückfinden? Das ist sicher eine äußerst interessante Frage, aber sie wird nur eine von vielen bilden, die wir hier aufgreifen wollen. Wir werden mit einer noch allgemeineren Fragestellung anfangen.

Es ist recht wahrscheinlich, dass verschiedene Aspekte des Vogelzugs vererbt sind, dass Gene dem Vogel diktieren, im Herbst nach Süden zu fliegen und im Frühjahr zurück – zumindest in welche Richtung es geht. Ostdeutsche Störche ziehen im Allgemeinen nach Afrika über den Bosporus, westdeutsche via Gibraltar; in beiden Fällen wollen sie das offene Mittelmeer so weit wie möglich vermeiden. Wenn wir nun einen jungen westdeutschen Storch vor seinem ersten Vogelzug nach Osten bringen, wird er im Allgemeinen trotzdem über Gibraltar nach Süden ziehen. Zudem gibt es Spezies, bei denen die Jungen die Zugroute von den Älteren lernen müssen. Und für die genaue Route können Landmarken (Berge, Seen, Flüsse, Küsten) eine wesentliche Rolle spielen. Wir werden auf diese und weitere Aspekte später noch näher eingehen.

Für unsere wesentliche Fragestellung wollen wie uns hier so weit wie möglich auf das spezielle Thema Navigation konzentrieren. Wie kann ein Vogel, den man weit von seiner Heimat entfernt hat, an einen Ort, an dem er noch nie war, bestimmen wo er ist und wie er von dort zurückkommt? – insbesondere, wenn dieser Rückweg über offenes Meer führt, ohne irgendwelche Landmarken. Ähnliche Fragen stellen sich, wenn man Vögel während ihres jährlichen Zuges fängt und sie an einen ihnen unbekannten Ort versetzt. Können Vögel solche Herausforderungen an ihre Navigationsfähigkeit lösen?

Beide Anforderungen – die Orientierung, um die örtliche Position und die für die Heimreise erforderliche Richtung zu bestimmen, und die Navigation, die es erlaubt, diese Richtung einzuhalten und nach Hause zurückzukehren – kann ein Mensch ohne moderne Technologie nicht erfüllen. Wir werden sehen, dass Vögel das können, und so fragen wir uns, wie sie es schaffen. Bevor wir dazu kommen, beginnen wir aber mit einigen weiteren erfolgreichen Rückflügen., die beweisen, dass Vögel wirklich dazu in der Lage sind. Wie erwähnt, werden wir uns dabei auf Fälle wilder Vögel beschränken, die von Menschen in ihnen unbekannte Regionen gebracht wurden.

Der Heimweg

Der erwähnte Ornithologe Ronald M. Lockley hatte bereits in den Jahren vor dem beschriebenen Boston-Experiment, von 1938 bis 1942, etliche Heimflug-Experimente mit Atlantiksturmtauchern aus Skokholm durchgeführt. Er hatte einige Hundert dieser Vögel im englischen Binnenland ausgesetzt. Sie leben normalerweise an der Küste oder über offenem Meer, sodass ihnen die Aussetzgebiete unbekannt waren. Etwa 20 % der ausgesetzten Vögel flogen direkt nach Skokholm zurück, sie kamen am gleichen Tag dort wieder an. Am nächsten Tag waren bereits mehr als 50 % zurück, und am vierten Tag über 80 %.

Ein besonders bemerkenswerter Fall war ein Vogel, den Lockley 1937 in Venedig/Italien ausgesetzt hatte. Er flog nicht auf das offene Mittelmeer zu, wie man erwartet hatte, sondern in Richtung Alpen, und nach 300 h war er wieder in seiner Höhle in Skokholm. Man würde natürlich gerne wissen, ob der Vogel tatsächlich die kürzere Route über das europäische Festland genommen hatte, oder ob er letztlich doch wieder auf das Mittelmeer zurückgekommen und dann über Gibraltar und den Atlantik heimgeflogen war. Die für eine solche Entscheidung erforderlichen Miniatur-positionsgeräte waren zu der Zeit aber noch nicht verfügbar.

Nichtsdestotrotz folgt aus diesen Beobachtungen, dass Vögel in der Lage sind, von bisher unbekannten Orten zurückzufinden, wobei AX6587 bis zu diesem Punkt natürlich der Star war. Kurz danach ergab sich aber eine noch eindrucksvollere Bestätigung durch Experimente, die von den amerikanischen Ornithologen Karl W. Kenyon und Dale W. Rice ausgeführt wurden.

Der Vogel, den sie betrachteten, war der Laysan Albatros (*diomeda immutabilis*), eine Albatros-Spezies (Abb. 2.1), die auf verschiedenen Pazifik-Inseln vorkommt; ihr Name bezieht sich auf die Hawaii-Insel Laysan. Die Untersuchung von Kenyon und Rice basierte auf 18 Laysan Albatrossen, die sie im Jahre 1957 auf dem Midway Atoll gefangen hatten; dort gibt es die größten Vorkommen dieser Spezies.

Abb. 2.1 Laysan Albatros

Der Laysan Albatros kommt in einem Gebiet vor, das von Midway südwärts reicht bis etwa 15 Grad über dem Äquator und nordwärts bis zu den Aleuten; es berührt weder die US Westküste noch die asiatische Ostküste. Es bildet also in etwa eine kreisförmige Region um Hawaii (Abb. 2.2). In dem Experiment sollten die Vögel an verschiedenen Punkten außerhalb dieses Bereich ausgesetzt werden, um zu sehen, ob sie es zurück schaffen. Midway als Ausgangspunkt war besonders geeignet, da von dem dortigen Marine-Stürzpunkt Militärflugzeuge in alle Richtungen abflogen, sodass diese die Vögel an ihren Startpunkten abliefern konnten. Diese Startpunkte sind in Abb. 2.2 angezeigt.

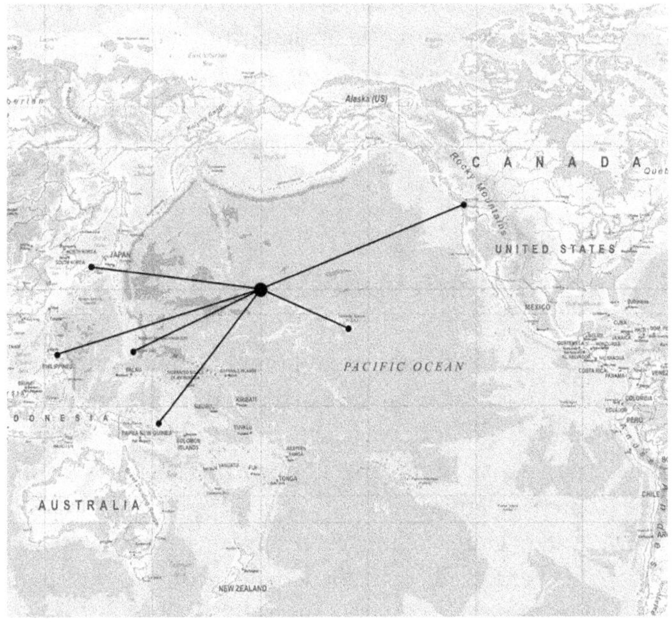

Abb. 2.2 Albatros-Aussetzungen von Midway aus, nach Kenyon und Rice (1962)

Von den insgesamt 18 Vögeln schied einer aus, nach einem Kampf mit einem anderen. Die verbliebenen 17 Vögel kamen alle erfolgreich zurück, mit Flugzeiten meist unter zwei Wochen. Am schnellsten war der an der US Westküste (im Staate Washington) ausgesetzte, der in 10 Tagen zurück war. Bei einer Entfernung von 5000 km bedeutete das eine mittlere Geschwindigkeit von 500 km pro Tag. Aber mehr noch: das Midway Atoll hat eine Ausdehnung von etwa 500 km. Bei der Entfernung zur US Westküste war für den Rückflug daher eine Winkelgenauigkeit von weniger als drei Grad erforderlich, um das Atoll zu treffen. Und der Vogel musste sie zehn Tage einhalten.

Verschiedene Faktoren beeinflussen die Rückflugzeit. Wenn der Vogel zuhause Küken hatte, war der Anreiz für den Rückflug größer; andrerseits konnten adverse Winde die Rückkehr verzögern. Nichtsdestotrotz zeigen diese und auch die entsprechenden Vogelzug-Experimente, dass Vögel in der Tat die erforderlichen Navigationsfähigkeiten besitzen. Wie ist das möglich? Verfügen sie über eine innere Landkarte?

Unterbrochene Vogelzüge

Die Fragestellung ist hier etwas komplizierter. Kennen die Vögel im Vogelzug nicht nur Start und Ziel, sondern ist ihnen auch der Weg dazwischen ein Begriff? Wissen sie zu jeder Zeit, wo sie sind, und können sie, falls notwendig, ihre Route wiederfinden?

Die ersten Untersuchungen dazu wurden ab 1940 von Albert C. Perdeck in den Niederlanden durchgeführt. Er und seine Mitarbeiter hatten einige 11.000 Stare (*sturnus vulgaris*) (Abb. 2.3) gefangen, als diese auf ihrem Herbst-Wanderzug von Skandinavien nach Westfrankreich in Holland Station machten. Sie flogen in südwestlicher Richtung

Abb. 2.3 Der europäische Star (sturnus vulgaris)

von ihrem nordischen Sommer-Quartier. Der Fang von Perdecks Gruppe bestand aus 7000 Jungtieren, die aus ihrem ersten Zug waren, und 4000 Erwachsene, die schon vorher einen solchen Zug gemacht hatten.

Die Vögel wurden mit Ringen versehen und nach drei Schweizer Flugplätzen gebracht, nach Basel, Genf und Zürich, wo sie am gleichen Tag freigesetzt wurden. In den Folgejahren wurden noch einige weitere solche Experimente ausgeführt, sodass man schließlich Daten für mehr als 18.000 Stare hatte. Die Experimente sind insofern schwieriger als Heimflug-Untersuchungen, weil man ja möglichst viele der befreiten Vögel erst einmal „irgendwo, irgendwann, irgendwie" wieder bekommen musste.

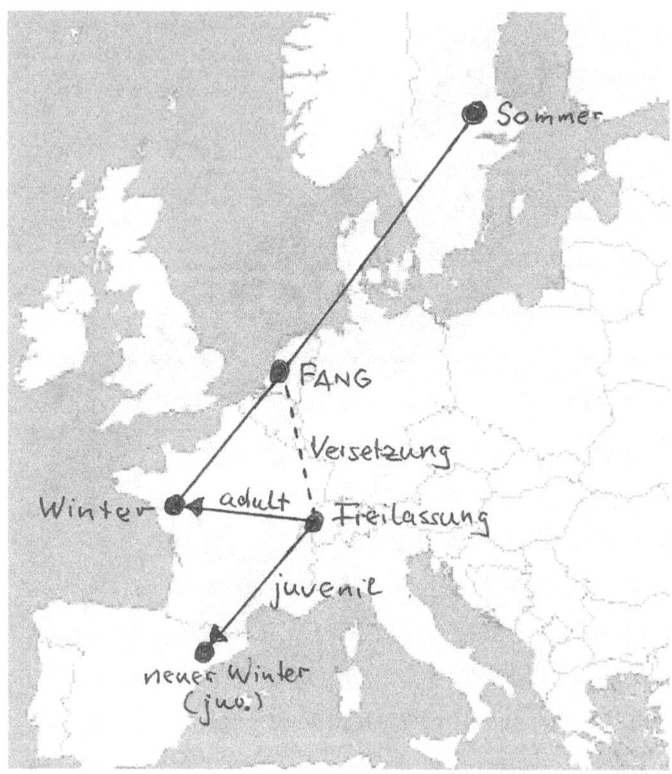

Abb. 2.4 Flugrichtungen von jungen Und von erwachsenen Staren nach Versetzung. (Nach Perdeck 1958)

Einige hundert Stare wurden tatsächlich gefunden, und die Ergebnisse waren recht überraschend (Abb. 2.4). Man fand, dass die jungen Vögel im Allgemeinen in der ursprünglichen Zugrichtung weiterflogen, also nach Südwesten, sodass sie in einem ganz anderen Gebiet landeten als dem ursprünglich vorgesehenen; statt in Westfrankreich, landeten sie in Südfrankreich oder Nordspanien. Die erwachsenen Vögel, andrerseits, bemerkten den „Betrug" und nach Freilassung änderten ihre ursprüngliche Flugrichtung um 90 Grad, nach Nordwesten, und kamen damit in das angepeilte Wintergebiet in Westfrankreich. Die Aufspaltung der Flugrichtungen zwischen Jungvögeln und Älteren fand immer statt, egal ob die Gruppen gemeinsam oder getrennt befreit wurden.

Das weitere Verhalten der „versetzten" Jungvögel war auch recht überraschend. Einige blieben im Weiteren in Südeuropa, wo sie recht zufrieden waren. Diejenigen, die zurückflogen, zogen direkt in ihr Sommergebiet in Skandinavien, nicht über die Schweiz.

Die Schlussfolgerung aus diesen Untersuchungen ist, dass die Vögel offensichtlich in der Lage sind, sich an bekannte Gebiete zu erinnern: an den Sommerbereich für die Jungvögel, die ja keinen anderen kannten, und an Sommer- und Wintergebiete für die Erwachsenen, die auch den Weg dazwischen kannten. Bei einer Versetzung in ein unbekanntes Gebiet waren beide Gruppen in der Lage, in einen bekannten Bereich zurück zu finden.

Um diese Ergebnisse zu bestätigen und sie zudem auf noch größere Entfernungen zu erweitern, wanden sich amerikanische Ornithologen zwei Ammern-Spezies zu, die Dachsammer (Abb. 2.5) und die Kronenammer, *zonotrichia leucophrys* und *zonotrichia atricapilla*. Diese Vögel nisten in Nordwest-Kanada und Alaska, wo sie sich im Sommer aufhalten, um dann den Winter in Kalifornien und im nördlichen Mexiko zu verbringen. Die Vogelzüge zwischen den Bereichen werden normalerweise nachts ausgeführt, und die Vögel fliegen dabei allein.

L. Richard Mewaldt vom San Jose College führte zwei Versetzungstests aus. Im ersten brachte er im Winter 1061/62 einige hundert beringte Ammern von San Jose, Kalifornien, nach Baton Rouge, Lousiana, also etwa 3000 km weiter östlich. Im folgenden Winter wurden wurden 26 dieser Vögel in Fallen im San Jose Gebiet gefangen. Im Winter 1962/63 wurden dann einige hundert Vögel von San Jose nach Laurel, Maryland, gebracht, etwa 4000 km

Abb. 2.5 Dachsammer (zonotrichia leucohrys)

entfernt. Von diesen wurden 17 im folgenden Winter in San Jose gefangen und identifiziert. Um diese Ergebnisse richtig zu verstehen, muss man berücksichtigen, dass nicht alle Vögel den Vogelzug überleben, und dass von diesen nur ein kleiner Bruchteil wieder gefangen wird. Um diesen Bruchteil abzuschätzen, wurden in den Tests auch wieder gefangene, beringte Vögel gezählt, die nicht versetzt worden waren. Wenn das berücksichtigt war, schloss man, dass etwas mehr als die Hälfte der erwarteten Rückkehrer tatsächlich eingetroffen war.

Eine offene Frage verblieb bei diesen Experimenten: was haben die versetzten Vögel im Sommer gemacht? Sind sie direkt von dem Versetzungspunkt in ihr Wintergebiet zurückgeflogen und haben ihren Fahrplan dann fortgesetzt, oder sind sie erst im folgenden Sommer von ihrem Versetzungspunkt zunächst in ihr nördliches Nistgebiet geflogen und von dort im folgenden Winter wieder in ihr Wintergebiet.

Der Arbeit von Mewaldt folgten Untersuchungen, die Karl Thorup von der Princeton Universität mit seiner

Forschergruppe ausführten. Sie fingen 15 erwachsene und 15 junge Dachsammern im Staate Washington auf ihrer Zugroute von Kanada nach Nordwest-Mexiko und brachten sie einige 4000 km weiter östlich nach Princeton an der US-Ostküste. Das Ziel war dabei nicht, die Vögel zu beringen und später wieder zu fangen. Die Vögel waren stattdessen mit Miniatursendern versehen, und der Plan war, die Routen zu bestimmen, die sie nach ihrer Freilassung einschlagen würden. Dazu kreisten kleine Flugzeuge über dem Freilassungsgebiet zur Zeit der Freilassung; sie sollten bestimmen, in welcher Richtung die Vögel aufbrechen würden. Sie wurden entweder einzeln oder in kleinen Gruppen freigesetzt.

Die Ergebnisse bestätigten Perdecks Beobachtungen. Die Jungvögel flogen in der Richtung weiter, in der sie beim Einfangen geflogen waren, also nach Süden. Die Erwachsenen hingegen orientierten sich um und flogen nach West-Südwest, auf ihr Ziel im nördlichen Mexiko zu. In anderen Worten, die erwachsenen Ammern, um 4000 km östlich versetzt, konnten immer noch ihr ursprüngliches Ziel an der Pazifikküste identifizieren.

Diese Beobachtungen führten auf zwei unmittelbare Fragen. Einerseits würden wir gerne wissen, welche natürlichen Erscheinungen es auf der Erde gibt, die von den Vögeln zur Orientierung benutzt werden können. Andrerseits möchten wir auch wissen, ob und welche von den Vögeln tatsächlich „benutzt" wurden. Im folgenden Kapitel wollen wir deshalb die durch die Erde gegebenen Orientierungs- und Navigationsmöglichkeiten betrachten. Was für Indikatoren gibt es noch über dem offenen Meer, fern von allen Landmarken? Und dann möchten wir gerne „experimentell" bestimmen, in wie weit diese von den Vögeln benutzt werden. Dazu müssen wir Vögel im Labor untersuchen, und neben einigen Singvogelarten ist der ideale Kandidat hierfür die Taube. Kap. 4 wird deshalb im Wesentlichen dem Taubenflug gewidmet sein. Was können wir daraus lernen?

Literatur

K. W. Kenyon and D. W. Rice; *Breeding cycles and behavior of Laysan and Blaekfooted Albatrosses*, Auk 79 (1962) 517

R. M. Lockley, *Bird Navigation*, Times 28 (1952) 7

R. Mazzeo, *Homing of the Manx Shearwater*, The Auk 70 (1953) 200

L. R. Mewaldt, *California Sparrows return from displacement to Maryland*, Science 146 (1964) 941

A. C. Perdeck, *Two types of orientation in migrating starlings*, Ardea 55 (1958) 1

D. J. T. Sumpter, *The principles of collective animal behavior*, Phil. Trans. Roy. Soc. B 361 (2006) 5

K. Thorup, *Evidence for a navigational map*, Proceedings of the National Academy of Sciences 104(469 (2007) 18115

3

Belanglose Zeichen

„What's the good of Mercator's North Poles and
Equators,
Tropics, Zones and Meridian Lines?"
So the Bellman would cry; and the crew would reply,
„They are merely conventional signs!"

„Wir kennen dank Mercator den Nordpol und
den Äquator
sowie die Längen- und Breitengrade",
rief der Bootsmann, „das sollte uns reichen."
Doch die Mannschaft erwiderte darauf nur: „das sind
alles belanglose Zeichen".

Lewis Carroll,
The Hunting of the Snark
(London 1876)

Aus der Sicht vieler Vogelarten sind die Menschen eine ziemlich sesshafte Rasse, mit nur wenig Geografie-Kenntnis, zumindest bis vor Kurzem. Während Odysseus jahre-

© Der/die Autor(en), exklusiv lizenziert an Springer-Verlag GmbH, DE, **19**
ein Teil von Springer Nature 2026
H. Satz, *Die Wege der Vögel,*
https://doi.org/10.1007/978-3-662-72843-7_3

lang versuchte, seinen Weg auf dem Mittelmeer zu finden, flogen westeuropäische Störche über Gibraltar nach Afrika, osteuropäische über den Bosporus. Als Bartolomeu Dias, aus Portugal kommend, als erster Europäer das Kap der Guten Hoffnung erreichte, war er nur der erste europäische *Mensch*, dem das gelang. Schwalben aus vielen Teilen Europas waren dorthin geflogen und zurück, jedes Jahr, Jahrhundertelang, wenn nicht Jahrtausende. Sturmtaucher aus Großbritannien waren von Wales nach Südamerika geflogen, lange bevor Pedro Alvaro Cabral durch tropische Stürme auf dem Atlantik an die brasilianische Küste getrieben wurde. Küstenseeschwalben ziehen jeden Spätsommer von der Arktis in die Antarktis, und zurück im folgenden Frühjahr, den Äquator auf wild fluktuierenden Routen überquerend. Und bevor Alexandre Dumas sich eine Reise um die Welt in 80 Tagen vorstellen konnte, hatten viele Albatrosse das längst in weniger als der halben Zeit geschafft.

Längengrade und Breitengrade

Zunächst wollen wir an die Einführung eines zweidimensionalen Gitters von Längen- und Breitengraden auf der Erdoberfläche erinnern, um einen bestimmten Ort festzulegen und geografische Orientierung zu gestatten (Abb. 3.1). Die Breitengrade umkreisen die Erde um ihre Rotationsachse, mit dem größten, dem Nullgrad-Kreis, für den Äquator, und abnehmend große Kreise bis hin zu jeweils einem Punkt an den Polen, d. h. bei 90 Grad. Die Längengrade oder Meridiane umfassen die Erde in gleichgroßen Kalbkreisen von Pol zu Pol. Dabei geht der Null-Grad Halbkreis nach internationaler Übereinkunft durch Greenwich bei London, der 180° Halbkreis, die internationale Datumsgrenze, durchläuft den Pazifik auf der entgegensetzten Seite des Globus. Jeder Punkt auf der Erde ist damit identifiziert durch einen Breitengrad-Wert,

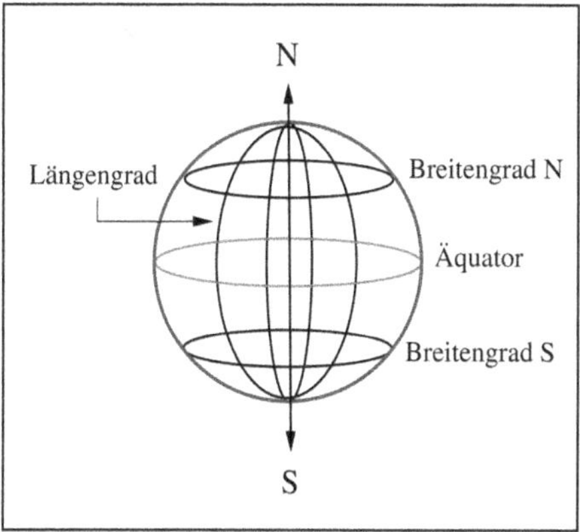

Abb. 3.1 Das geografische Gradsystem

$0 < x < 90$ Grad Nord oder Süd und einen Längengrad-Wert $0 < y < 180$ Ost oder West. Die Stadt Hamburg, als Beispiel, liegt auf 53° Nord und 10° Ost.

Wenn wir nun jemand aus Hamburg an einen ihm unbekannten Ort versetzen (einfachheitshalber in der nördlichen Erd-Halbkugel), wie kann er festlegen, wo er sich befindet? Um ihm das Leben etwas einfacher zu machen, lassen wir ihm seine Uhr, auf Hamburger Zeit eingestellt. Die Position der Sonne zeigt ihm dann die Himmelsrichtung an, und die Höhe des Sonnenstands, im Vergleich zu der in Hamburg, gibt an, ob er nach Norden oder nach Süden gebracht wurde. Eine praktischere und auch genauere Methode erhält man mit Hilfe des Polarsterns, der auf einer Fortsetzungslinie der Erdachse liegt (Abb. 3.2). Der Winkel einer Linie vom Polarstern zum Beobachter auf der Erdoberfläche, relativ in Erdachse-Polarstern, gibt in guter Genauigkeit den Breitengrad des Beobachters an. Auf Schiffen zielte man mit Sextanten auf den Polarstern und konnte so den Winkel zwischen der Linie zum Polarstern und der Meeresoberfläche bestimmen. Die Bestimmung des Breitengrades ist somit wohl definiert, und war das auch seit vielen

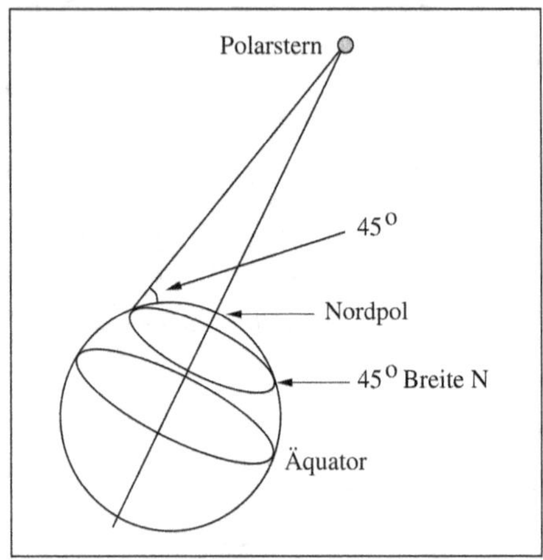

Abb. 3.2 Die Bestimmung des Breitengrades mit Hilfe des Polarsterns

Jahrhunderten. Im Gegensatz dazu blieb die Bestimmung des Längengrades ebenso viele Jahrhunderte ein Rätsel.

Seine Uhr zeigt unserem versetzten Hamburger an, wann es bei ihm zuhause Mittag ist. Wenn die Sonne an seinem neuen Ort ihren höchsten Punkt früher erreicht, wurde er nach Osten verschoben, falls später, nach Westen. Der Erdumfang am 50. Breitengrad beträgt etwa 20.000 km, mit einer Rotation per 24 h. Das bedeutet eine Verschiebung von etwa 800 km pro Stunde durch die Erdrotation. Wenn auf seiner Hamburger Uhr der Höchststand der Sonne um 10 Uhr morgens erreicht wird, wurde er also 1600 km gen Osten versetzt. Dies Beispiel zeigt, wie problematisch die Bestimmung des Längengrades ist. Sie setzt voraus, dass die Uhr die genaue Zeit an einem Bezugspunkt angibt, am Heimatort oder in Greenwich. Und die Genauigkeit der Uhr ist gleichfalls kritisch: eine Unsicherheit von fünf Minuten pro Stunde bedeutet, dass der daraus abgeleitete Wert des Längengrades eine Unsicherheit von mehr als fünfzig Kilometern erhält.

Diese Unsicherheit war jahrhundertelang absolut kritisch für die Seefahrt. Bis vor 250 Jahren war es nicht möglich, Uhren zu bauen, die eine genaue Zeitbestimmung erlaubten unter den Bedingungen, denen die Schiffe auf dem Ozean unterlagen. Daraus folgte, dass selbst ein erfahrener Kapitän nur wenig Information über die genaue Ost-West-Position seines Schiffs hatte. Daher hatte man im sogenannten Entdeckungszeitalter bei vielen Schiffe keine Ahnung über ihre tatsächliche Position, und so glaubte Kolumbus bis zu seinem Tode, dass er Indien erreicht hätte. Die Rückkehr der britischen Flotte aus dem Mittelmeer im Jahre 1707 liefert eine dramatische Illustration dieses Positionsproblems. Die Flotte stand unter dem Befehl des Admirals Sir Cloudesley Shovell. In dichtem Nebel an der englischen Küste vertrauten sie ihren Positionsmessungen und meinten, in den englischen Kanal einzufahren; stattdessen fuhren sie in die Klippen der Scilly Inseln bei Cornwall, mehrere zehn Meilen weiter westlich. Vier Schiffe sanken unmittelbar, und mehr als 1500 Seeleute ertranken, so auch Admiral Shovell. Es ist denkbar, dass während all dies geschah, Sturmtaucher gelassen über dem Nebel flogen, auf ihrer 10.000 km langen Reise von Wales an die argentinische Küste, ohne die geringsten Schwierigkeiten bei ihrer Orientierung und Navigation.

Bis uns zunächst Radioempfang und danach sogar Globale Positionssysteme (GPS) zur Verfügung standen, erforderte menschliche Orientierung die Kenntnis der momentanen Koordinaten in Verbindung zu einem Bezugspunkt. Um diese Daten zu erhalten, musste man auf einem Schiff den Sextanten auf den Polarstern einstellen, zur Bestimmung des Breitengrades, sodann eine genügend präzise Uhr für die Bestimmung des Längengrades, und dazu eine Bikoordinatenkarte der Erde.

Wenn die Position erst einmal festgelegt war, benötigte man einen Kompass um die Route zu bestimmen. Neben den frühen Naturanzeigen, den Sonnen- und Stern-Positionen, haben die Menschen seit langem den magnetischen Kompass. Da der jedoch auf den magnetischen Pol und nicht auf den geografischen Nordpol zeigt, muss die entsprechende Abweichung berücksichtigt werden. Wir kommen darauf gleich noch genauer zurück.

Der Gyrokompass, eine weitere Alternative, die das Abweichungsproblem eliminiert, basiert auf einer frei rotierenden Scheibe. Deren Drehachse stellt sich mit der Zeit auf eine feste Position parallel zur Erdachse ein, zeigt also nach Norden.

Offensichtlich können Vögel navigieren. Wie finden sie ihren Weg? Der deutsche Ornithologe Gustav Kramer hatte schon in den Jahren um 1950 betont, dass auch für Vögel eine erfolgreiche Navigation zwei Dinge erfordert: eine Landkarte und einen Kompass. Für Vögel muss die Landkarte durch beobachtbare Zeichen bestimmt sein. Oft, und besonders für kürzere Reisen, können prominente Landmarken, wie Berge, Seen und Küsten, diese Rolle spielen; dazu kommen auch noch Geruchssignale. Wir werden uns hier aber mehr mit all jenen Fällen befassen, wie etwa Flüge über dem offenen Meer, wo die Landkarte nicht durch bekannte Anzeichen oder Gerüche bestimmt werden kann, sodass sie durch beobachtbare geophysikalische oder himmlische Observable gegeben sein muss.

Himmel und Erde

Zunächst wollen wir uns deshalb daran erinnern, was wir heute über unseren Planeten wissen, was wir seit den Zeiten von Odysseus dazu gelernt haben über natürliche Hinweise auf Ort und Richtung. Die Erde ist ein annähernd kugelförmiger Himmelskörper, der sich um seine eigene Achse dreht (einmal am Tage) und der um die Sonne kreist (ein-

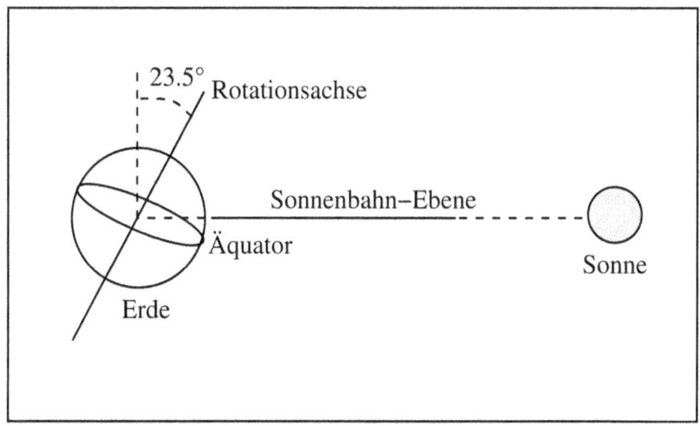

Abb. 3.3 Position der Erde in der Sonnenbahnebene

mal pro Jahr), wobei die Sonnenbahn durch die Schwerkraft bestimmt ist. Die Drehachse der Erde steht nicht ganz senkrecht auf der Sonnenbahnebene (66,5° anstatt 90°), sodass die Entfernung eines bestimmten Ortes auf der Erde von der Sonne von Position der Erde auf der Sonnenbahn abhängt (Abb. 3.3). Deshalb gibt es Jahreszeiten, und in der Arktis scheint die Mitsommersonne im Sommer und es herrscht vollständige Finsternis im Winter. Der Übergang zwischen kürzeren Nächten und kürzeren Tage findet zweimal pro Jahr statt; zu diesen Zeiten der Tagundnachtgleiche (~21. März und ~21. September) sind Tag und Nacht überall auf der Erde gleich lang. Die Bahn der Erde um die Sonne ist zwar elliptisch, aber fast kreisförmig (mit einer Exzentrizität von 0,017 statt 0 für einen Kreis). Die Neigung der Erdachse zur Sonnenbahnebene egibt nur etwa 23,5°, sodass die Gebiete um den Äquator kaum jahreszeitliche Schwankungen aufweisen.

Aus diesen planetarischen Daten erhalten wir Hinweise, mit deren Hilfe wir eine Ortsbestimmung auf der Erde durchführen können; zu diesem Zweck haben die Menschen ja ihre Landkarten entworfen, mit den erwähnten Längen-

und Breitengraden. Stattdessen wollen wir nun nach naturgegebenen Hinweisen suchen, die auch von Vögeln benutzt werden können. Der tägliche Höchststand der Sonne definiert die Nord-Süd-Richtung, ihr Aufgang den Osten und ihr Untergang den Westen. Wenn es ein inneres Zeitmaß gibt, eine „biologische Uhr", dann kann man aus der Position um 10:00 vorhersagen, wo die Sonne um 12:00 stehen wird, und man kann so den Süden bestimmen. Viele Vogelarten haben so eine innere Uhr, wie man zeigen kann, indem man sie einem künstlichen „Jetlag" unterwirft – wir kommen darauf noch genauer zurück. Die Sonne liefert somit einen Kompass, und auch noch einige weitere Informationen.

An den Tagen der Tagundnachtgleiche definiert der Sonnenhöchststand, der Azimut, genau die Ost-West-Richtung. An allen anderen Tagen variiert die Sonnentrajektorie von Tag zu Tag. Nördlich vom Polarkreis zeichnet sie im Sommer eine Kurve, die von einem Spitzenwert am Mittag zu einem Tal um Mitternacht verläuft und nie unter dem Horizont verschwindet. Spezies von Vögeln, die von arktischen Regionen im Sommer in antarktische im Winter ziehen, über den Äquator hinweg, müssen all diese Phänomene im Griff haben. In Kap. 6 werden wir zeigen, dass sie das in der Tat beherrschen, mitsamt weiter Umwege unterwegs.

Viele Spezies fliegen aber an bedeckten Tagen oder in der Nacht; in diesen Fällen fällt der Sonnenkompass aus. Wovon können sie dann ausgehen? In der Nordhalbkugel hat man den Polarstern, der auf einer Verlängerung der Erdachse liegt, sodass seine Position fest ist und immer nach Norden zeigt. Wenn die Erde sich dreht, drehen sich die Sterne in der Umgebung de Polarsterns um diesen, und dieses Muster ergibt einen charakteristischen Hinweis auf die Nordrichtung. An klaren Nächten gibt es somit einen Sternenkompass, der die Funktion der Sonne übernimmt. – Es ist in der Tat der Polarstern, der definiert was wir Norden nennen. Bis dahin sind Norden und Süden nur die Enden der Erdachse, ohne Namen. Wir definieren dann als Norden die Richtung des Polarsterns.

Ein weiterer Richtungshinweis wurde vor etwa zweitausend Jahren von den Menschen entdeckt, obwohl ihn die Vögel sicher schon lange benutzt hatten: der Magnetismus. Um diese Zeit fand man, unabhängig von einander im antiken Griechenland und im antiken China, dass nadelförmige Eisenstücke, „Magnetit", wenn man sie auf einem kleinen Floß im Wasser schwimmen ließ, sich in eine Nord-Süd-Richtung anordneten, dass sie auf den Nordpol zeigten: der „nasse" Kompass war entdeckt.

Die nach Norden zeigende Spitze des kleinen Magneten wurde als sein Nordpol bezeichnet, das andere Ende als Südpol, und man fand, dass ganz allgemein entgegengesetzte Pole sich anzogen, gleiche sich abstießen. Das war ein erster Hinweis darauf, dass es Dinge auf der Erde gibt, die nicht nur der Schwerkraft unterliegen; zusätzlich unterliegen sie noch einer weiteren, anderen Kraft: dem Magnetismus.

Es dauerte fast zwei Jahrtausende, bevor der Ursprung des Magnetismus geklärt war. Heute wissen wir, dass die Erde einen flüssigen metallischen Kern hat, und die Drehung dieses elektrisch geladenen Kerns erzeugt ein Magnetfeld entlang der Drehachse: die Erde ist ein riesiger Dynamo (Abb. 3.4). Man kann das Magnetfeld durch Kraftlinien beschreiben, die aus dem magnetischen Nordpol hervorkommen, die Erde umkreisen, und dann beim magnetischen Südpol wieder eintreten. Da wir die Richtung, die die Nadel unseres Magnet-Kompasses angibt, als Norden definiert haben, ist der Magnetpol nahe dem geografischen Nordpol in Wirklichkeit der magnetische Südpol.

Wir sollten hier beachten, dass sich dieser Zustand ändern kann. Turbulenzen in dem flüssigen Erdkern können die Pol-Position verschieben, und tun das in der Tat auch. Sie können sogar die Polarität umkehren und den magnetischen Nordpol in einen Südpol verwandeln; die Richtung

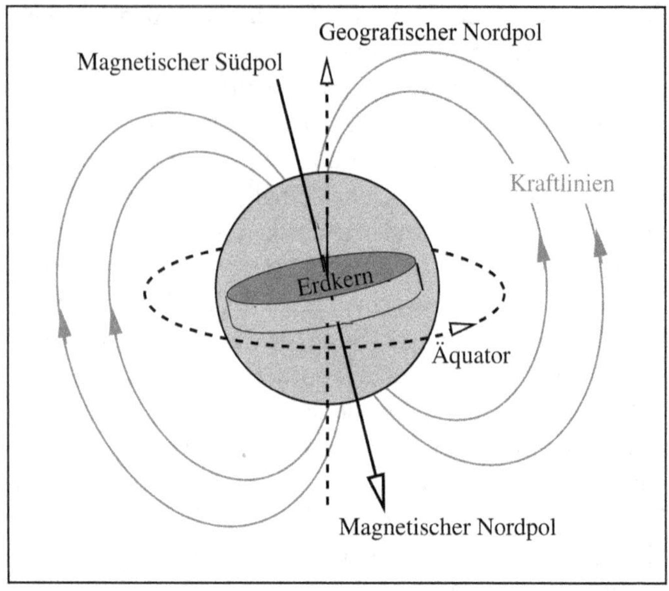

Abb. 3.4 Die magnetische Struktur der Erde

der magnetischen Kraftlinien definiert, was zutrifft. Aus der Geologie wissen wir, dass es solche Polaritätsflips im Mittel alle 200.000 bis 300.000 Jahre stattfinden. Den letzten „Teilflip" gab es vor etwa 40.000 Jahren – die Polarität kehrte damals aber schnell zu ihrer heutigen Ausrichtung zurück. Der magnetische Nordpol verschiebt sich heute Richtung Nord-Nord-West um etwa 60 km/Jahr, sodass sich die magnetische Struktur der Erde entsprechend verändert.

Wenn der Erdkern vollständig symmetrisch um die Erdachse wäre, dann würden der magnetische und der geografische Pol zusammenfallen. Das ist jedoch nicht der Fall, die Kernverteilung ist gekippt und auch unregelmässig; das hat zwei Auswirkungen. Der magnetische Pol fällt nicht mit dem geografischen zusammen, und die Stärke des die Erde umkreisenden Magnetfeldes variiert von Ort zu Ort, in Abhängigkeit von der Kerndichte an der Stelle.

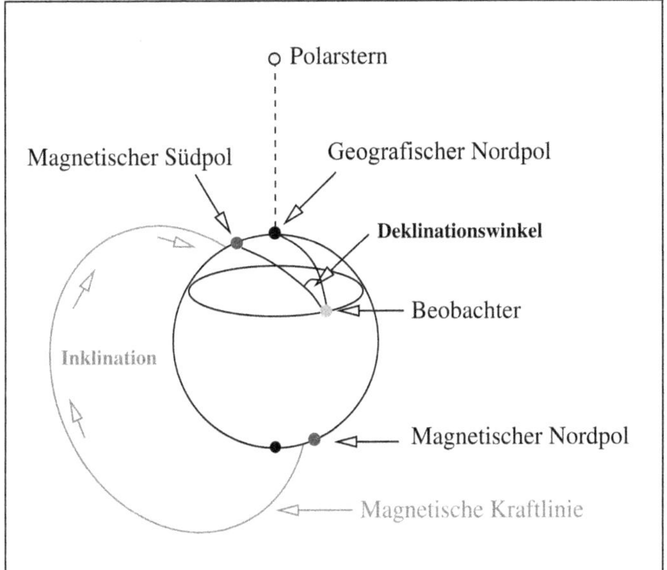

Abb. 3.5 Deklination und Inklination

Neben der Polarität gibt es also drei weitere magnetische Größen, um einen bestimmten Ort auf der Erde zu kennzeichnen (Abb. 3.5):

* Die *Intensität,* also die Stärke des Magnetfeldes an dem Punkt;
* Die *Inklination*, also die Ausrichtung der Feldlinien relativ zu Erdoberfläche dort (parallel am Äquator, senkrecht am Pol)
* Die *Deklination*, die durch den Abstand von magnetischem und geografischen Pol bestimmt wird, durch den Winkel für einen Beobachter an dem gegebenen Punkt.

Die magnetischen Eigenschaften der Erde erzeugen somit ein natürliches, wenn auch unregelmäßiges Gitter, mit dessen Hilfe wir einen bestimmten Ort festlegen könnnen. Um das zu zeigen, definieren wir auf der Erdoberfläche *isodynamische*

Linien durch gleiche Intensität, *isoklinische* durch gleiche Inklination, und isogonische durch gleiche Deklination, siehe Abb. 3.5. Wenn wir gleichzeitig alle drei Größen messen könnten, würde sich die Erdoberfläche als eine Art Landkarte darstellen, auf der wir uns orientieren könnten (Abb. 3.6).

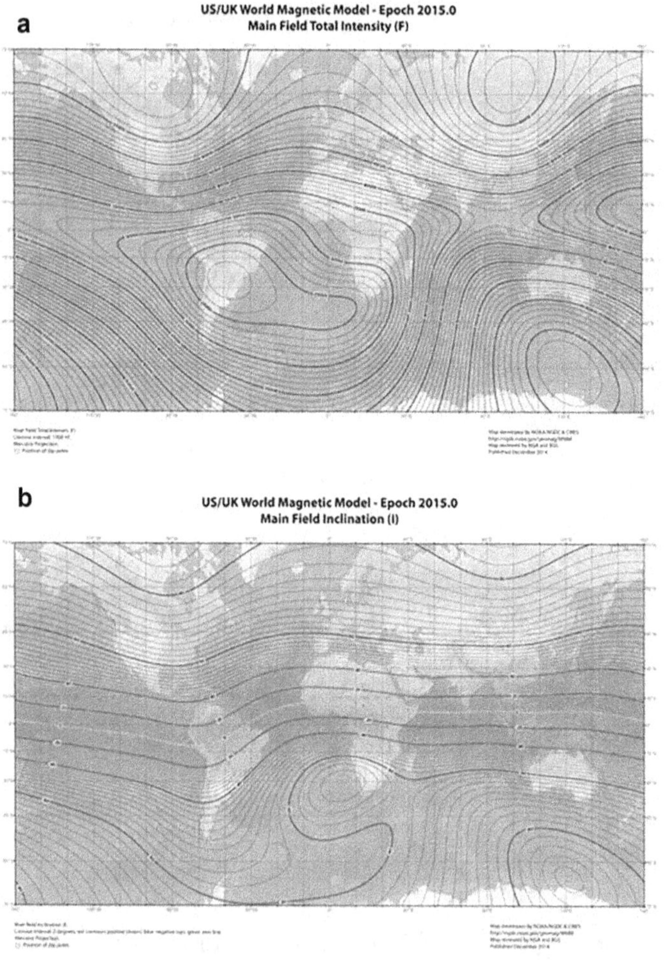

Abb. 3.6 Variation der magnetischen Stärke (a), der Inklinatition (b) und der Deklination (c) auf der Erdoberfläche. (US/UK World Magnetic Model, Epoch 2015)

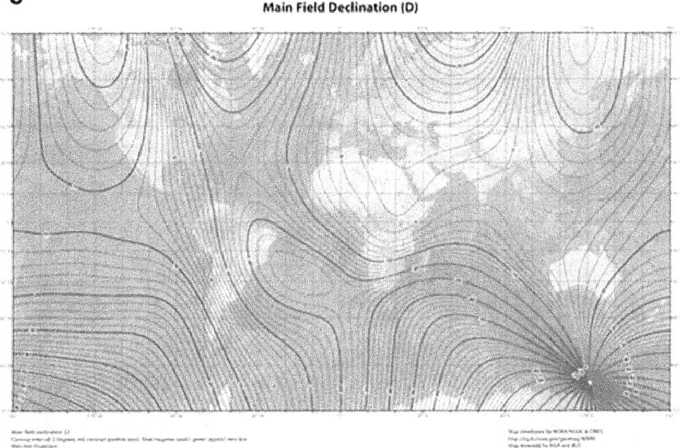

Abb. 3.6 (Fortsetzung)

Für uns Menschen ist der Magnetismus eine physikalische Erscheinung, die von Wissenschaftlern der Frühzeit entdeckt wurde; er ist kein inherenter Teil der menschlichen Biologie, er erzeugt kein *Gefühl*. Für viele Vogel-Spezies ist das anders. Ihre Körper enthalten magnetempfindliche Komponenten – wir kommen darauf noch zurück – und dadurch „fühlen" sie die magnetischen Kräfte so ähnlich wie wir die Schwerkraft fühlen. Diese Vögel haben einen eingebauten Kompass, für sie ist Norden und Süden so ähnlich wie für uns Oben und Unten. Es ist nicht etwas, das man in der Schule lernt – es ist etwas, das man schon immer kannte. Andrerseits vermutet man, dass Vögel den Sonnenkompass und seine Kalibration lernen müssen, unter Zuhilfenahme der magnetischen Orientierung. In dieser Hinsicht sind sie also besser ausgestattet als Menschen.

Die Schwerkraft

In der Tat haben Vögel vermutlich noch einen weiteren Vorteil, der zur Zeit untersucht wird: sie können örtliche Variationen in der Stärke der Schwerkraft auf der Erdoberfläche erkennen. Der Standardwert der Schwerkraft, $g = 9{,}28\ m/s^2$ ist der Mittelwert über die gesamte Erdoberfläche. Er ergibt sich aus dem Newton'schen Schwerkraftgesetz, $g = M/R^2$, wo R den Radius der Erde an einem speziellen Punkt angibt, und M die effektive Masse dort., Wie schon erwähnt, variiert die örtliche Dicht der Erde, und auch der Radius variiert etwas zwischen Berg und Tal. Die Konstante g ist also nicht wirklich konstant, sondern variiert über die Erdoberfläche, siehe Abb. 3.7; das liefert wieder eine Art natürliches Gitter.

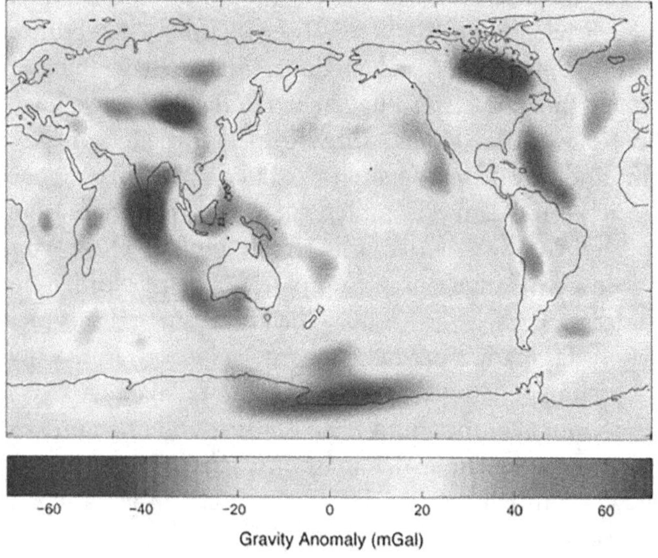

Abb. 3.7 Variation der Schwerkraft auf der Erdoberfläche, nach dem GRACE Schwerkraftmodell (CGMS, CSR-16-02, Space Center, U. of Texas, Austin). Eine Schwerkraftanomalie mit dg = 0 entspricht der Standard-Schwerkraft

Um örtliche Variationen von magnetischen Größen und der Schwerkaft auszunutzen (Abb. 3.7), muss man sehr kleine Fluktuationen erkennen können. Sind Vögel dazu in der Lage? Können sie die durch Magnetismus und Schwerkraft bestimmte „Landschaft" der Erde erkennen und für die Bestimmung ihres Weges benutzen? Dies sind einige der Fragen, die die Verhaltens-Ornithologen in den vergangenen Jahren behandeln mussten, und deshalb haben sie in der Tat untersucht, wie sich Vögel beim Überfliegen von magnetischen und Schwerkrafts-Anomalien verhalten. Wir kommen darauf in Kürze zurück.

Wir hatten gesehen, dass Vögel außerordentlich eindrucksvolle Leistungen in Orientierung und Navigation vollbringen können. Für sie sind Orientierung und Navigation wesentlich wichtiger als sie das für Menschen sind, und so hat die Evolution bei ihnen Fähigkeiten entwickelt, die bei Menschen nicht vorhanden sind. Im folgenden Kapitel wollen wir uns in etwas mehr Detail ansehen, wie Vögel die naturgegebenen Indikatoren benutzen, die wir hier erwähnt hatten. Insbesondere werden wir zeigen, dass Vögel Variationen in magnetischen Kräften und in der Schwerkraft bemerken, also Abweichungen von dem mittleren Verhalten auf der Erdoberfläche.

Literatur

M. E. Deutschlander und R. C. Beason, *Avian navigation and geographic positioning*, J. of Field Ornithology 85 (2014) 111
D. Sobel, *Longitude,* Walker and Company, New York, 1995

4

Der Flug der Taube

*Da aber die Taube nichts fand, wo ihr Fuß ruhen
konnte, kam sie wieder zu Noah in die Arche; denn
noch war Wasser auf dem ganzen Erdboden. Da tat er
die Hand heraus und nahm sie zu sich in die Arche.*

Die Bibel, 1. Moses 8.9

Tauben haben im Menschenleben seit Urzeiten eine Rolle
gespielt. Die Bibel erwähnt, dass Noah eine Taube aussandte um zu prüfen, ob die Sintflut zu Ende sei und es
schon wieder irgendwo trockenes Land gäbe. Beim zweiten
Versuch brachte der zurückkehrende Vogel einen Olivenzweig mit. Die Seeleute der Antike fanden Noahs Vorgehen
absolut richtig: Tauben fliegen nicht gerne über offenem
Wasser und finden meist das nächste trockene Land.

Die Biologen meinen, dass die heutige Taube der am frühesten domestizierte Vogel ist; er stammt von der Felsentaube (*columba livia*) ab, und die Domestizierung liegt bis zu
10.000 Jahre zurück. Tauben sind friedliche und freundliche

© Der/die Autor(en), exklusiv lizenziert an Springer-Verlag GmbH, DE,   **35**
ein Teil von Springer Nature 2026
H. Satz, *Die Wege der Vögel*,
https://doi.org/10.1007/978-3-662-72843-7_4

Abb. 4.1   Die Friedenstaube (Picasso)

Tiere; sie gewöhnen sich rasch an den Menschen und sind deshalb leicht zu zähmen. Es genügt, sie zu füttern. Mesopotamische Tafeln und ägyptische Hieroglyphen erwähnen Haustauben seit mehr als 5000 Jahren. Anscheinend wurde die Tiere zunächst als menschliche Nahrung benutzt, und als Opfergaben in religiösen Zeremonien. Die Vögel sind seitdem bei uns geblieben, ob wir wollen oder nicht; sie sitzen auf den Statuen in unseren Parks, und sie bilden weiterhin das Symbol für Frieden in der Welt (Abb. 4.1).

Man stellte aber auch schon früh fest, dass die Vögel eine außerordentliche Fähigkeit besaßen, „nach Hause" zurückzufinden von fernen Orten. Deshalb wurden Brieftauben bereits um 3000 B.C. im alten Ägypten benutzt, um das Ansteigen des Nils mitzuteilen, und man sagt, dass sie bereits im alten Griechenland die Sieger der olympischen Spiele ankündigten. Viele weitere Fälle werden berichtet von Informationsübermittlung durch Taube, in Europa, dem Nahen Osten, Indien und China. Die Nachricht von Napoleons Niederlage in Waterloo soll durch Brieftauben London erreicht haben. Über tausende von Jahren bildeten Tauben

Abb. 4.2 Briefpost. (Anonymes Gemälde aus dem 19. Jahrhundert)

die schnellste Möglichkeit, Information zu versenden (Abb. 4.2); die Vögel flogen heimwärts mit bis zu 100 km/h. Die in einer Stunde zurückgelegte Entfernung kostete einem Reiter mehr als einen Tag, und so hatten die meisten Länder Brieftauben in ihren Armeen. Die Brieftauben-Abteilung der Schweizer Armee wurde erst 1995 geschlossen, und ihre 30.000 Tauben wurden einer privaten Stiftung übergeben.

Im Laufe der Jahre wurden immer wieder Versuche gemacht, die Heimfindungsfähigkeit der Vögel durch gezielte Zucht zu verbessern, und das führt zu einer Rasse von Brief-

tauben, deren entsprechende Fähigkeiten die der Felsen-
tauben oder der normalen Haustauben bei Weitem über-
trafen. Heute verfügen wir zwar über wesentlich effektivere
Mitteilungsmöglichkeiten; geblieben ist sind aber Brief-
taubenwettkämpfe als Sport. Eine Anzahl von Tauben wird
an einen entfernten Ort gebracht, bis zu hunderten von
Kilometern von ihrem Heimatschlag, und dort werden sie
dann frei gelassen. Sieger ist der Vogel, der den Heimatschlag
als erster erreicht, wo er elektronisch registriert wird. Und
sein Besitzer gewinnt eine beträchtliche Summe Geldes …

Wie die bereits erwähnten Leistungen führt uns auch diese
zu der kritischen Frage: Wie schaffen die Tauben das? Wenn
wir sie um tausend Kilometer versetzen in ein Gebiet, in dem
sie noch nie waren, wie können sie den Rückweg finden? Um
sicher zu stellen, dass die Tauben nicht irgendwie die Ver-
schiebungsreise registrieren, wurden sie das nächste Mal für
die Verschiebung betäubt und in einem geschlossenen, schall-
dichten Behälter transportiert. Sie kamen genau so schnell zurück. Danach wurden noch zahlreiche weitere Experiment
ausgeführt, in der Hoffnung, das Geheimnis zu entschlüsseln.
Wir kommen darauf noch näher zurück – man fand, dass die
Vögel über eine innere Uhr verfügen, dass sie Magnetfelder
spüren, wie auch die irdische Schwerkraft, dass sie Gerüche in
der Luft erkennen, und noch vieles mehr.

Wir hatten bereits erwähnt, dass der deutsche Ornithologe G. Kramer um 1950 vorgeschlagen hatte, dass eine
erfolgreiche Rückkehr immer in zwei Schritten stattfinden
würde, die er

Karte und Kompass

nannte. Im ersten Schritt musste der Vogel bestimmen, wo
er sich befand und wo seine derzeitige Position relative zum
Heimatschlag lag: er musste sich ein mentales Bild schaffen,

eine Landkarte, die diese beiden Punkte enthielt, oder zumindest die Heimrichtung bestimmen. Wenn sich der Heimatschlag nordöstlich von dem derzeitigen Ort befand, musste der Vogel eine Möglichkeit haben, diese Richtung einzuschlagen und weiter zu verfolgen: er muss einen inneren Kompass besitzen.

Die letztere dieser beiden Aufgaben, die Kompass-Navigation, ist in vielen Einzelheiten untersucht worden, und wir kennen heute eine Vielzahl von Indizien, die die Vögel benutzen können, um sicher zu stellen, dass sie in die richtige Richtung flogen: wir kommen gleich darauf zurück.

Die erste Aufgabe ist weitgehend ein Rätsel geblieben. Tauben verfügen in der Tat über eine innere Landkarte – das wurde besonders klar gezeigt in einem Experiment, das die Schweizer Ornithologin Nicole Blaser im Jahre 2013 für ihre Doktorarbeit ausgeführt hat. Ihr Doktor-Vater, Hans-Peter Lipp, war nicht nur Professor an der Universität Zürich, sondern auch der letzte Befehlshaber der Tauben-Division der Schweizer Armee, die erst 1995 aufgelöst wurde. Nicole Blaser hielt eine Gruppe Tauben in einem Heimatschlag, hatte diese aber ausgebildet, in einen anderen „Futterschlag" zum Fressen zu kommen. Die Vögel hatten sich gut mit dieser Situation abgefunden und konnten beliebig von einem Schlag zu dem anderen kommen (Abb. 4.3). Dann brachte sie die Tauben zur Freilassung an einen dritten Ort, an dem sie noch nie gewesen waren und der jeweils 30 km von den beiden anderen Orten lag. Alle Vögel waren mit GPS Sensoren ausgestattet.

Sie unterteilte die Vögel jetzt in zwei Gruppen; die Vögel in der einen waren gefüttert, die in der anderen noch hungrig. Sie ließ dann aller Vögel frei und verfolgte ihre Flugbahnen. Das Ergebnis war bemerkenswert und fast „menschlich". Die satten Vögel flogen direkt nach Hause, die hungrigen direkt zum Futterschlag. Beide Flüge führten über Gelände, die den Vögeln unbekannt waren. Man hatte

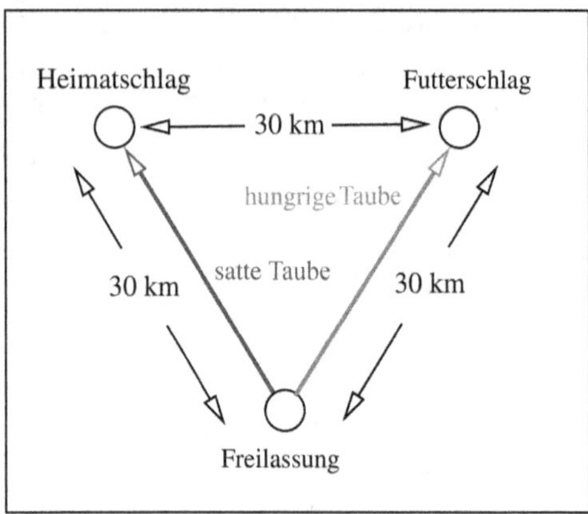

Abb. 4.3   Das Experiment von N. Blaser

erwartet, dass alle Vögel zunächst nach Hause fliegen würden und die hungrigen dann von dort auf dem ihnen bekannten Weg zum Futterschlag. Diese Vorhersagen hatten
offensichtlich die Tauben unterschätzt: sie waren durchaus
fähig, sich eine der beiden bekannten Orte auszusuchen
und dann direkt dorthin zufliegen, wohl dank ihrer inneren
Landkarte.

Ein ähnliches Ergebnis folgte aus der elektronischen
Flugspurverfolgung der Schnepfenvögel auf ihrem Flug von
Neuseeland nach China, von dort nach Alaska und dann
direkt von Alaska zurück nach Neuseeland (siehe Kap. 6).
Die Vögel besaßen offensichtlich eine innere Karte mit
(mindestens) drei unterschiedlichen Orten: das sommerliche Brutgebiet in Alaska, das Wintergebiet in Neuseeland,
und die Flutgebiete des Gelben Flusses in China, wo sie
wegen der dort verfügbaren Nahrung auf dem Wege nach
Norden pausierten. All diese Ergebnisse helfen uns aber
nicht weiter bei der Frage, wie die inneren Landkarten gebildet wurden, und wie schon angedeutet, wir wissen es
noch nicht. Deshalb widmen wir uns wieder dem Kompass
der Vögel.

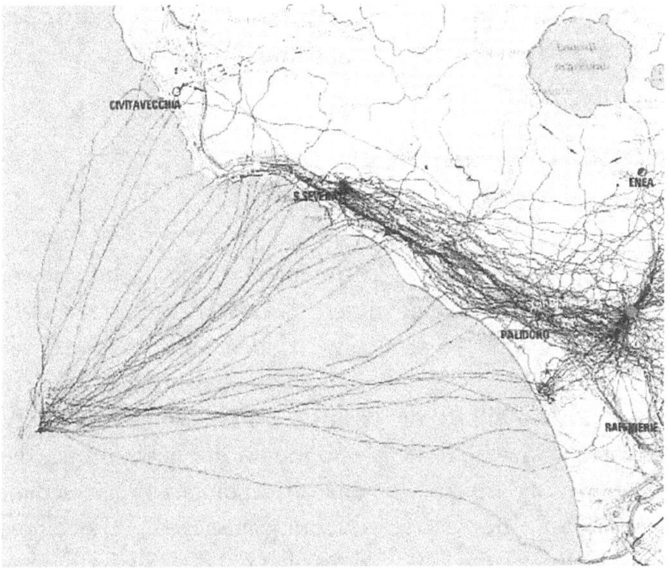

Abb. 4.4 Heimflug von über dem Mittelmeer freigelassenen Tauben. Der Heimatschlag ist der rote Punkt auf der rechen Seite des Bildes. (H. P. Lipp et al. 2004)

Wir fragen uns also, welche Möglichkeiten die Tauben haben, um ihre Flugrichtung zu bestimmen. Man hat festgestellt, dass sie in der Tat verschiedene Methoden anwenden können, je nach Belieben: Sonnenkompass, magnetischer Kompass, Schwerkraftvvariation, Geruchsvariation, und, wenn verfügbar, sichtbare Landmarken. Zur Illustration zeigen wir in Abb. 4.4 die Bahnen von Tauben die über dem Mittelmeer an einem klaren Tage freigelassen wurden (Lipp). Alle Vögel flogen zunächst landwärts, in Richtung ihres Heimatschlages, wohl unter Benutzung des Sonnenkompasses. Nach Erreichen des Landes fanden sie in der Küstenstraße eine bekannte Landmarke. Die meisten folgten dann auch der Küstenstraße bis zu der richtigen Ausfahrt, bogen dort links ab und flogen nach Hause. Die wesentlichen Unterschiede zwischen den verschiedenen

Bahnen zeigen, dass die Vögel ihre Flugrichtung individuell bestimmten und nicht etwa einem Führer folgten.

Sonnenkompass vs. magnetischer Kompass

In einer Vielzahl von Experimenten wurde nachgewiesen, dass Tauben über eine innere Uhr verfügen: sie wissen, wann die Sonne wo sein sollte. Zudem scheint es, dass sie die Zeit nicht durch die Sonnenhöhe bestimmen, sondern durch ihren Azimut, die Position am Horizont. Um zu untersuchen, welche Rolle die Sonne für die Bestimmung der Flugrichtung spielt, haben Ornithologen verschiedene Vogelarten einer Zeitverschiebung ausgesetzt, also einem künstlichen „Jetlag". G. Kramer hat das erste dieser Experimente in Deutschland durchgeführt, mit Hilfe von Staren in Käfigen. In den Zeiten, in denen sie normalerweise ihren Vogelzug ausführen würden, flatterten sie in die entsprechende Richtung, und diese bestimmten sie durch den Sonnenstand. Wenn sich der Käfig in einem Zimmer befand, in dem nur Himmel und Sonne sichtbar waren, bestimmte ihre Flatterrichtung die korrekte Zugrichtung. Wenn man die Position der Sonne durch geeignete Spiegel um einen Winkel verschob, dann verschoben die Vögel ihre Flugrichtung auch um den entsprechenden Winkel. In anderen Worten, die Vögel bestimmten ihre Flugrichtung durch den Sonnenstand zu einer gegebenen Zeit.

Ein ähnlicher Test mit Tauben, auch basierend auf einer Zeitverschiebung, wurde von K. Schmidt-König ausgeführt. Die Vögel wurden von ihrem Heimatschlag nach Norden versetzt und in einem geschlossenen Raum bei Kunstlicht gehalten, das aber zunächst dem gleichen Rhythmus wie die Außenwelt folgte. Wenn die Vögel mittags freigelassen wurden, flogen sie heimwärts in südlicher Rich-

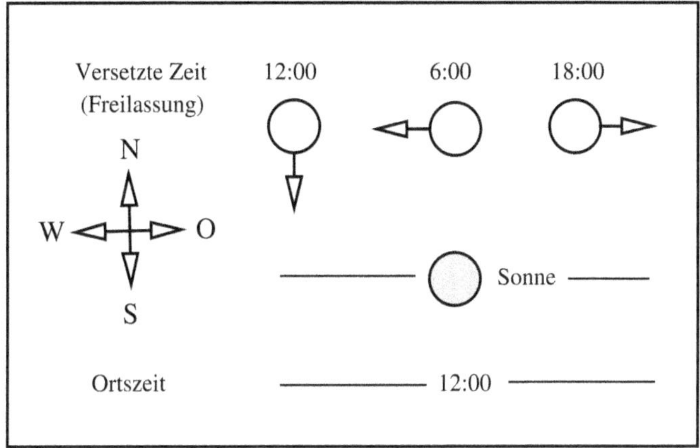

Abb. 4.5   Zeitverschiebung beim Heimflug bei Tauben

tung; das diente als Referenz. Wenn man nun den Tages-
rhythmus mit Spiegeln um sechs Stunden zurückdrehte
(aus 12:00 mittags wurde 6:00 morgens, oder aus Süden
wurde Osten), dann flogen die um Mittag unserer Zeit freigelassenen Vögel nach Westen (siehe Abb. 4.5). Obwohl die
äußere Zeit Mittag war, war die innere der Vögel Morgen,
und so verschoben sie ihre Flugrichtung um 90 Grad. Wenn
die Zeit entgegengesetzt verschoben wurde, also aus Mittag
Abend wurde, verwandelte sich ihr Süden in Westen und
sie flogen nach Osten. Diese Richtungsänderungen wurden
von den Vögeln durchgeführt, obwohl die Sonne ja mittags
viel höher steht als abends – wie erwähnt, beachten die
Vögel nur ihre azimutale Position.

Die Vögel besitzen also eine innere Uhr, und aus Erfahrung wissen sie, dass zu einer bestimmten Zeit die Sonne
eine bestimmte azimutale Position haben muss, auf einer
Skala Ost-Süd-West. Wenn sie auch wissen, dass ihr
Heimatschlag nach Süden liegt, dann wissen sie zu jeder Ta-
geszeit, wie man dort hingelangt: morgens muss man die
Sonne links halten, mittags muss man auf sie zu fliegen,

und abends muss sie rechst bleiben. Wenn ihr Kompass durch eine Zeitverschiebung künstlich abgeändert wurde, funktioniert diese Methode nicht mehr und die Vögel können den Rückweg nicht finden. Es ist nicht ihre Schuld, sie wurden betrogen.

Aber was kann man machen, wenn der Himmel bedeckt ist und die Sonne nicht sichtbar? Eine unmittelbare Idee war, dass die Vögel das irdische Magnetfeld benutzen, so wie die menschlichen Navigatoren. Erste Experimente, in denen den Vögeln mit angebrachten Magneten ein anderes Magnetfeld vorgespielt war, bestätigten diese Vermutung allerdings nicht: die Vögel wurden nichtabgelenkt. Heute wissen wir warum: die Versuche wurden an klaren Tagen ausgeführt, und wenn die Sonne auch sichtbar ist, ignorieren die Vögel das Magnetfeld. Folgende Tests brachten teilweise Klarheit. Die erwähnten Zeitverschiebungen führten nur an klaren Tagen zu Richtungsänderungen; an bedeckten Tagen fanden die Vögel den richtigen Weg zurück, auch wenn sie zeitverschoben waren.

Der Schluss ist somit klar: an klaren Tagen ist die Sonne der Bezugspunkt, und darum führen Zeitverschiebungen zu Richtungsänderungen. An bedeckten Tagen ist die Sonne unwichtig, die Vögel benutzen jetzt einen anderen Kompass, der durch Zeitverschiebungen nicht beeinflusst wird, und so finden sie den Weg zurück.

An dieser Stelle sollten wir vielleicht kurz etwas zu der nächtlichen Orientierung der Vögel sagen. Den Tauben stellt sich dieses Problem allerdings nicht; wenn irgend möglich, fliegen sie tagsüber, und wenn sie doch nachts fliegen müssen, stoßen sie auf verschiedene Schwierigkeiten. Aber alle Vögel, die nachts ziehen – wie die meisten Singvögel – müssen auf einen anderen Kompass zurückgreifen. Ausführliche Studien haben gezeigt, dass diese Vögel die Sterne anstatt der Sonne als Kompass benutzen, und dass sie durchaus in der Lage sind, damit ihre Richtung einzuhalten. – Tauben müssen jedoch an bedeckten Tagen eine andere Alternative finden, und das irdische Magnetfeld bietet sich da an – es ist schließlich auch das, was die Menschen benutzt haben und noch benutzen.

Die Frage ist also, ob die Tauben das Magnetfeld erkennen und benutzen können, und wenn ja, wie? Das war offensichtlich eine kritische Frage für die Verhaltensbiologen der letzten Jahrzehnte – umso mehr, da ja Menschen kein inneres Gefühl für Magnetismus haben. Wir brauchen ja ein Gerät, um ihn hier auf Erden zu bestimmen.

Im Falle der Tauben fand man eine Testmöglichkeit. Man setzte die Vögel frei über oder in der Nähe einer Unregelmäßigkeit des Magnetfeldes – ein Ort, an dem das irdische Magnetfeld stark variiert – und vergleicht dann das Verhalten über einem nahegelegenen normalen Ort. In Abb. 4.6 zeigen wir das Ergebnis eines solchen Experiments, das im Jahre 2011von Ingo Schiffner und Mit-

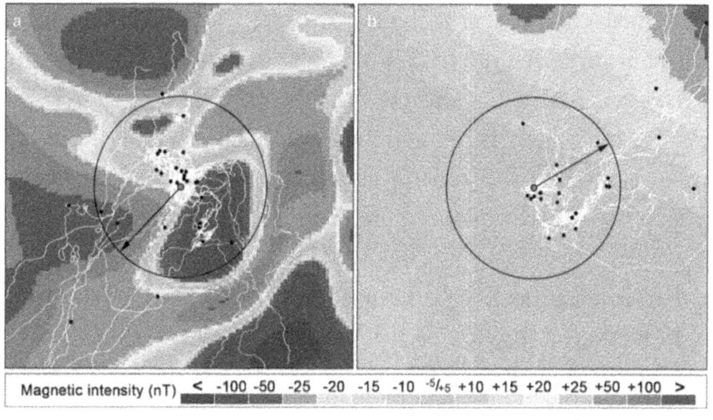

Abb. 4.6 Freigesetzte Tauben über einer magnetischen Anomalie (links) und über einem normalen Bereich (rechts); der rote Punkt bezeichnet den Ort der Freilassung, die weißen Spuren die Fluglinien der Vögel. Die Anzeige „Magnetic Intensity" gibt die Abweichung vom Mittelwert an. (I. Schiffner et al., Naturwissenschaften 98 (2011), S. 575)

arbeitern in der Nähe von Frankfurt/Main in Deutschland ausgeführt wurde. Während die Tauben über dem normalen Ort gerade und geordnet heimflogen, gerieten die Tauben über der Anomalie völlig durcheinander und kamen erst nach Verlassen des Anomaliebereiches wieder in Takt (Abb. 4.6). Es ist somit klar, dass Tauben nicht nur das irdische Magnetfeld mit seiner bekannten Stärke erkennen, sondern auch Fluktuationen dieses Feldes. Das hat unmittelbare Konsequenzen für die Orientierung der Vögel. Das Experiment zeigt, dass Intensitätsschwankungen von 100 nT die Vögel wesentlich störte; in dem betrachteten Gebiet war die mittlere Intensität um die 50.000 nT, sodass die Vögel Änderungen von 0,2 % des Magnetfeldes durchaus registrierten. Dass muss man bei Heimflügen berücksichtigen: eine 1000 km Versetzung von Nord nach Süd in Mitteleuropa bedeutet einen Intensitätsabfall von mindestens 100 nT, die erwähnten 2 %. Die versetzten Vögel merkten also schon, dass sie soweit „magnetisch" abwärts gebracht worden waren, und dass sie, um heimzufliegen, „magnetisch" aufwärts fliegen mussten, also nach Norden. Ohne irgendwelche Information von Sonne oder Sternen war ihnen klar, sie wissen sie: nach Norden.

Wie ist so ein magnetisches „Gefühl" möglich? Für die magnetische Orientierung von Vögeln sind drei Arten von magnetischen Rezeptoren betrachtet worden,

- Ferrimagnetische Teilchen im Schnabel (Magnetit-Kristalle),
- magnetisch aktivierte chemische Substanzen in der Retina (Kryptochrome),
- Neuronen-Aktivierung im Innerohr (Lagena)

Im folgenden Kapitel werden wir näher darauf eingehen, wie diese Rezeptoren funktionieren. Jedenfalls „fühlen" die Vögel die Richtung des irdischen Magnetfeldes – eine wahrhaft magische Fähigkeit für uns Menschen, die wir zu so etwas nicht in der Lage sind. Für uns sind vielleicht der Geruchssinn oder der Geschmackssinn ein bisschen ähnlich. Eine Auswirkung einer COVID-Infektion war der Verlust von Geschmack und Geruch. Die relevante Information muss also wohl durch entsprechende Moleküle weitergegeben werden an irgendwelche menschlichen Rezeptoren, die mit den Nerven im Gehirn verbunden sind; die Infektion hat anscheinend diese Verbindung unterbrochen. Auf ähnliche Weise kann auch das magnetische Gefühl von Vögeln unterbrochen werden.

Es gibt also mindestens drei Arten von magnetischen Kompassen von Vögeln: Sonne und Magnetfeld für tages- und nachtaktive Vögel, und zusätzlich Sternhinweise für Nachtflüge. Zumindest ein Teil der Schwierigkeiten und der Konfusion, die in der Bestimmung der Mittel für die Orientierung und Navigation der Vögel aufgetreten sind, ist das die Vögel tatsächlich verschiedene dieser Methoden benutzen. Neben diesen spielen definitiv auch noch Geruchsorientierung und Landmarken wichtige Rollen. Die einzig klar bestimmte Erkenntnis ist, dass sie die Sonne als Kompass bevorzugen, sofern das möglich ist. Untersuchungen haben gezeigt, dass zeit-versetzte Tauben an ihrem Heimatschlag vorbeifliegen, selbst wenn sie ihn sehen können – ihr verschobener Sonnenkompass lässt sie in die falsche Richtung weiterfliegen. Wir wollen jetzt noch eine weitere Möglichkeit betrachten.

Fluktuierende Schwerkraft

Auch die irdische Schwerkraft hat man als ein mögliches Mittel für die Orientierung der Vögel untersucht. Die ausführlichste Formulierung wurde 1984 von dem russischen Ornithologen Valerii Kanevskyi vorgestellt. Er ging davon aus, dass Vögel die Ausrichtung des Schwerkraft-Vektors an ihrem Heimatort feststellen können. Wenn man sie vesetzt, bemerken sie, dass dieser Vektor an dem neuen Ort anders gerichtet ist. Im Grunde genommen nimmt man damit an, dass die Vögel ein inneres Gyroskop besitzen. Um zu prüfen, ob so etwas bei den Vögeln tatsächlich möglich ist, muss man zunächst zeigen, dass sie tatsächlich geringe Änderungen des Magnetfeldes registrieren können. Auch hier kann man, wie beim Magnetismus, auf Anomalien des irdischen Magnetfeldes zurückgreifen.

Der Effekt solcher Anomalien wurde in einer weiteren Untersuchung der bereits erwähnten Schweizer Ornithologin Nicole Blaser betrachtet, gemeinsam mit Valerii Kanevskyi und seinen Mitarbeitern, in der Ukraine. Sie benutzten dazu dort gegebene hilfreiche geografische Bedingungen: in einem flachen Gebiet fand man unterirdische Schwerkraft-Anomalien, die durch den Absturz eines Meteoriten vor vielen Jahren entstanden waren. Man benutzte wieder zwei Gruppen von Tauben mit dem gleichen Heimatschlag, die man aber an verschiedenen Orten freisetzte. Der eine Ort führte über normales Gelände zurück, der andere, gleich weit entfernte führte über eine Schwerkraft-Anomalie. Die Gruppe für das normale Gelände kam, wie erwartet, auf gradem Wege zurück. Die andere Gruppe geriet völlig durcheinander, flog in willkürlichen Richtungen umher und konnte den Heimatschlag nicht finden (Abb. 4.7). Ihr Verhalten war also ganz ähnlich dem von Tauben über einer magnetischen Anomalie, wie oben beschrieben (Abb. 4.6). Es ist zwar nicht klar, in wie weit die Vögel die geomagnetische oder die Schwerkraft-Landkarte der Erde benutzen, aber man sieht, dass sie die entsprechenden Felder bemerken und Änderungen dieser Felder zur Kenntnis nehmen.

Für den geomagnetischen Fall hatten wir die Lage bereits genauer angegeben; jetzt wollen wir entsprechend den Fall

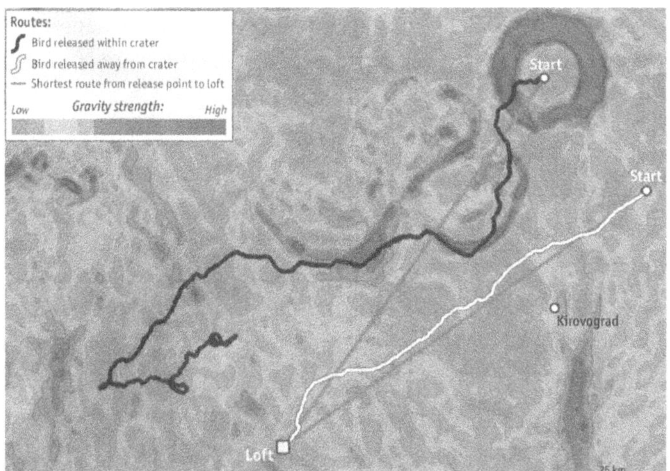

Abb. 4.7 Der Effekt einer Schwerkraft-Anomalie (Meteorkrater) auf den Heimflug einer Taube. (N. Blaser et al., J. Exp. Biology (2014))

von Schwerkraft betrachten. Die größte Abweichung in der Schwerkraft im Krater und außerhalb ist etwa 0,001 % der mittleren Schwerkraftkonstante – das zeigt uns in etwa die Größe von Abweichungen, die Vögel registrieren können.

Insgesamt wird es also fortlaufend klarer, dass der kritische Unterschied zwischen Menschen und Vögeln in dem breiteren Spektrum der Navigationsmöglichkeiten der Vögel besteht. Ein menschlicher Seefahrer hat wenig mehr als Landmarken, die Sonne und vielleicht noch den Polarstern – die Möglichkeiten, die Odysseus im antiken Griechenland hatte. Wir haben überhaupt kein Gefühl für Magnetismus, und wir spüren nur die mittlere Schwerkraft, „nach unten". Wir können kleine Abweichungen dieser Kraft nicht registrieren: der Unterschied bei unserem Gewicht auf Meereshöhe und auf 2000 m Höhe beträgt nur ein paar Gramm und ist somit zu klein, um bemerkt zu werden. Im Gegensatz dazu können Vögel nicht nur das Magnetfeld sehen und die Schwwerkraft fühlen – sie können in beiden Fällen auch kleine Abweichungen bemerken und haben somit zwei weitere „Landkarten" mit Hügeln und Tälern, um ihren Weg zu finden.

Literatur

N. Blaser et al., *Gravity anomalies without geomagnetic disturbances interfere with pigeon homing – a GPS tracking study*, J. Exp. Biol. (2014)

N. Blaser et al., *Testing cognitive navigation in unknown territories: homing pigeons choose different targets*, J. Exp. Biol. (2013) 3123

V. Kanevskij et al., *Altered orientation and flight paths of pigeons reared on gravity*, PLOS-ONE (2013) 8/10).

G. Kramer, *Long-distance orientation*, in A. J. Marshall (Ed.) *Biology and comparative physiology of birds*, Academic Press, New York, 1961

H. P. Lipp et al., *Pigeon homing along highways and exits*, Curr. Bio. 14 (2004) 1239 I.

I. Schiffner et al., *Tracking pigeons in a magnetic anomaly and in magnetically "quiet" terrain*, Naturwissenschaften 98 (2011) 575

5

Magnetismus und Vögel

So liegt der Gedanke nahe, es möge die erstaunliche Unbeirrbarkeit der Zugvögel – trotz Wind und Wetter, trotz Nacht und Nebel – eben darauf beruhen, dass das Geflügel immerwährend der Richtung des Magnetpoles sich bewusst ist, und dem zufolge auch seine Zugrichtung genau einzuhalten weiß.

Alexander von Middendorff
Die Isepiptesen von Russland, *1855*

Im vorigen Kapitel hatten wir gezeigt, dass Vögel, im Gegensatz zu Menschen, das geomagnetische Feld der Erde „sehen" oder „fühlen" können. Nachgewiesen ist das eigentlich nur für einige Spezies, aber da mehr als die Hälfte aller Vögel der Welt jahreszeitlich ziehen und somit wenigstens eine gewisse innere Richtungsinformation benötigen, können wir wohl annehmen, das die meisten Spezies mehr oder weniger über diese Fähigkeit verfügen. Dazu kommt, dass viele andere Tierspezies – Wale, Schildkröten, Bienen und

© Der/die Autor(en), exklusiv lizenziert an Springer-Verlag GmbH, DE, **51**
ein Teil von Springer Nature 2026
H. Satz, *Die Wege der Vögel,*
https://doi.org/10.1007/978-3-662-72843-7_5

selbst einige Bakterien – geomagnetische Orientierung benutzen. Für Vögel hat man jedoch schon länger und ausführlicher nach Organen gesucht, die die Erkenntnis des gemagnetischen Feldes gestatten. Der baltendeutsche Zoologe und Entdecker Alexander von Middendorf war einer der ersten, der den Magnetismus also Basis für die Orientierung von Vögeln vorgeschlagen hatte (Abb. 5.1).

Er war eine recht eindrucksvolle Persönlichkeit. In St. Petersburg geboren, verbrachte er seine Jugend in Estland, war Professor in Kiew, Berater am Hofe des Zaren und Mitglied verschiedener Vereinigungen von Gelehrten sowohl in

Abb. 5.1   Alexander von Middendorf

Russland wie auch in Deutschland. Und er leitete in mehreren großen Expeditionen die Erforschung von Sibirien, bis hin zum Amur. In diesem Zusammenhang begann er das intensive Studium von Vögeln, wobei er den heute vergessenen Namen „Isepiptesen" benutzte – damit bezeichnete man die Linien gleicher Ankunftszeit von Zugvögeln einer bestimmten Spezies, so ähnlich wie Breitengrade. Er schlug vor, das das Magnetgefühl der Vögel ausgelöst wird durch „galvano-magnetische Ströme" in ihren Körpern. Man beachte, dass zu dieser Zeit James Clerk Maxwell seine Theorie des Elektromagnetismus noch nicht formuliert hatte …

Versuchen wir nun zu verstehen, wie solch ein magnetisches Gefühl im Rahmen unseres heutigen Verständnisses der entsprechenden Physik hervorgerufen werden kann. Wir sprechen dabei über ein „Gefühl", das wir Menschen nicht haben – wir brauchen dazu ein Instrument, einen Kompass, der bei den Vögeln irgendwie eingebaut sein muss. Zunächst untersuchte man zwei Formen von magnetischer Rezeption für die Orientierung der Vögel, magnetische Eisenteilchen in ihren Schnäbeln (*Magnetkristalle*) und magnetische aktivierte Chemikalien in der Retina ihrer Augen (*Kryptochrome*). In neuerer Zeit hat man auch die Aktivierung von Neuronen im Innerohr (*Lagena*) als weitere Möglichkeit in Betracht gezogen. Wir beginnen aber mit den beiden ersten, die man bereits in größerem Detail untersucht hat.

Magnetit

Magnetische Substanzen bestehen aus Bestandteilen (Atomen oder Molekülen) mit vorgegebenen Spin. Sie sind bei hohen Temperaturen willkürlich verteilt, werden bei niedrigen Temperaturen oder bei äußerem Magnetfeld

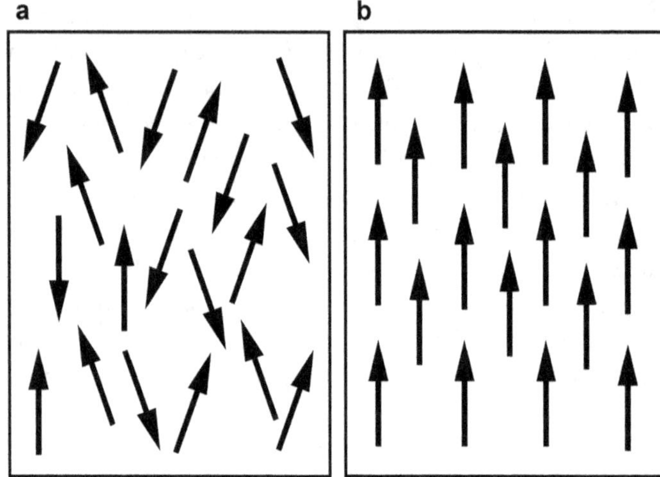

Abb. 5.2 Ferromagnetismus: **(a)** paramagnetisch, **(b)** ferro-magnetisch

„geordnet" – d. h. die meisten Spins sind parallel zu einander und zeigen in die gleiche Richtung. Hierfür gibt es zwei Gründe: die Gesamtenergie des Systems erreicht ein Minimum, wenn alle Spins parallel gerichtet sind, und sie wird zusätzlich reduziert, wenn die Spins sich auf ein äußeres Feld ausrichten. Man bezeichnet den ungeordneten Zustand als *paramagnetisch,* den geordneten als *ferromagnetisch* (Abb. 5.2). Der Störfaktor hier ist die thermische Bewegung: die Wärme lässt die Spins oszillieren, während die magnetische Wechselwirkung sie parallel ausrichten möchte. Wir haben also einen Wettkampf zwischen diesen beiden Mechanismen, und somit gibt es eine kritische Temperatur, die die beiden Regionen trennt: der Ferromagnetismus veschwindet bei genügend hohen Temperaturen.

Zusätzlich unterscheidet man Ferromagntismus und Ferrimagnetismus. Im ersteren Fall gibt es nur eine Art von Spin, und im ferromagnetischen Zustand zeigen alle Spins in die gleiche Richtung. Bei Ferrimagnetismus gibt es zwei

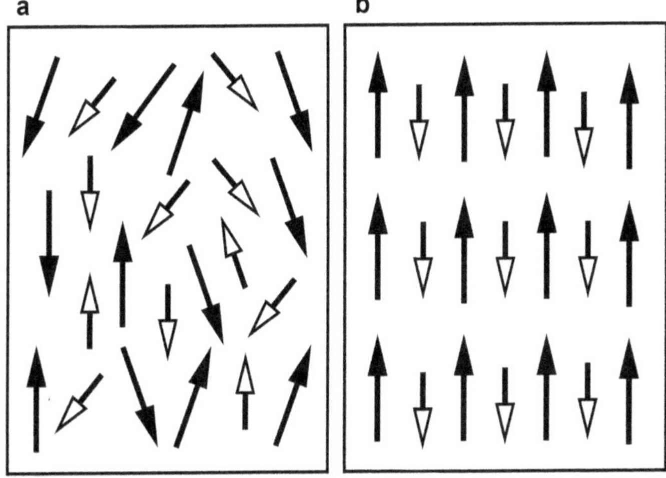

Abb. 5.3 Ferrimagnetismus: (a) paramagnetisch, (b) ferri-magnetisch

verschiedene Spintypen, die alternierend in entgegengesetzte Richtung weisen. Eine Spinform ist dabei größer als die andere, sodass ein insgesamt ausgerichteter magnetischer Zustand entstehen kann (Abb. 5.3). Die zuerst entdeckte magnetische Substanz ist das ferrimagnetische Eisenoxit Erz, Fe_3O_4, das als Magnetit bezeichnet wird. Man kann es sich vorstellen als aus kleinen kristallinen Magneten bestehend, parallel ausgerichtet sind oder auch nicht, je nach Temperatur und/oder einem äußeren Magnetfeld. Auf der Erde gibt es, wie wir gesehen haben, in der Tat ein solches Feld, und die Magnetit-Teilchen, die im Altertum entdeckt wurden, waren in der Tat inherent magnetisch, sie orientierten sich in Nord-Süd Richtung wenn man sie ließ, und sie zogen Eisen an.

Nachdem man festgestellt hatte, das Vögel in der Tat auf das geomagnetische Feld ansprechen, fand man, dass verschiedene Spezies, so Tauben und Rotkehlchen, im oberen Teil ihres Schnabels ferrimagnetische Kristalle enthalten, und durch den Trigeminal-Nerv können diese magnetische Information direkt an das Gehirn übertragen. Die Vögel spüren also das Magnetfeld der Erde – eine wirklich erstaunliche Fähigkeit aus Sicht der Menschen, die über so etwas nicht verfügen. Etwas Ähnliches bietet sich für uns vielleicht durch den Geruch des Steaks auf dem Grill im Garten des Nachbarn. Das Vorhandensein von Magnetit ist inzwischen bei einer Vielzahl von lebenden Organismen festgestellt worden, von Bakterien und Algen bis zu Fischen und Vögeln. Es scheint möglich, dass in all diesen Fällen die Miniaturmagneten sich an dem irdischen Magnetfeld ausrichten und dadurch eine Reaktion hervorrufen, wenn das Lebewesen von der Kraftrichtung abweicht.

Die deutschen Ornithologen Friedrich Merkel und Wolfgang Wiltschko haben 1964 erste Untersuchungen hierzu ausgeführt, mit Rotkehlchen in Käfigen, während ihrer Zugzeit. In dieser Zeit werden die Vögel unruhig, und wenn man sie in einem großen kreisförmigen Käfig hält, fliegen oder flattern sie in ihre Zug-Richtung. Die erste Feststellung war, dass sie diese Richtung selbst dann korrekt bestimmen, wenn man alle äußeren Hinweise ausschließt, wie Sonne, Sterne, Landmarken usw. , sodass nur der Magnetismus verblieb. Nachdem die Vögel also die richtige Richtung kannten, wurde der Käfig von einem künstlichen Magnetfeld umgeben, mit dessen Hilfe man den Nordpol in jede beliebige Richtung legen konnte. Dabei wurde das künstliche Feld auf die gleiche Stärke eingestellt wie das irdische. Und man fand jetzt in der Tat, dass die Vögel ihre Flugrichtung an den neuen Nordpol anpassten. Das künstliche Magnetfeld spielte also die gleiche Rolle wie die künstliche Sonnenposition im Zeit-Verschiebungs-Experiment. Den Vögeln ist die Zugrichtung relativ zum geomagnetischen Feld vorgegeben, bekannt.

Kryptochrom

Ein mögliches Hilfsmittel für den Magnetfeldempfang von Vögeln war damit bestimmt – wobei allerdings offen blieb, für welche Aspekte von Karte-und-Kompass Navigation es letztlich benutzt wird. Wenden wir uns deshalb der zweiten Mögichkeit zu. Es beruht auf anisotropen und lightempfindlichen Molekülen (Kryptchtome) in einer festen Position in den Augen der Tiere. Während die Magntit-Kristalle im Schnabel sich nach dem irdischen Magnetfeld ausrichten, bleiben die Kryptochrom-Moleküle fest, zerbrechen aber oder überleben, je nach dem Winkel des Magnetfeldes, das sie trifft wenn der Vogel seinen Kopf wendet. Grob gesprochen zerbricht das Molekül, wenn es auf der Breitseite getroffen wird, überlebt wenn das Feld in Längsrichtung steht (Abb. 5.4). Die Vögel registrieren den Prozentsatz der überlebenden Moleküle und können so die Richtung des geomagnetischen Feldes bestimmen.

Das Problem mit einem solchen Mechanismus ist dass das irdische Magnetfeld außerordentlich schwach wirkt,

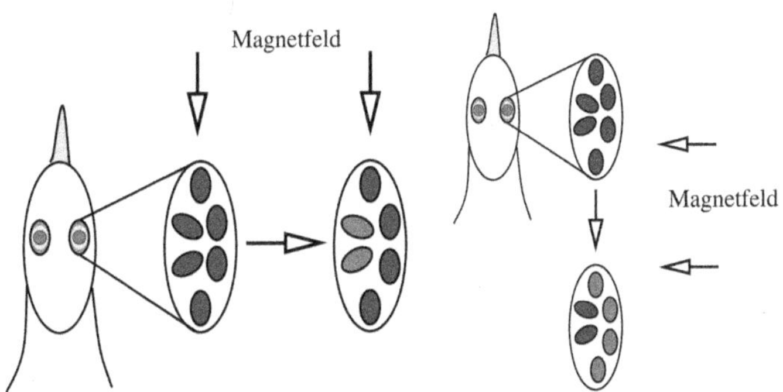

Abb. 5.4 Der Effekt eines Magnetfeldes auf Kryptochrom-Proteine in der Retina von Vögeln, der eine Reaktion von normal (blau) zu modifiziert (rot) hervorruft, für ein Feld in Flugrichtung (links) und ein Feld orthogonal zur Flugrichtung (rechts)

und daher stieß der um 1970 vorgebrachte Vorschlag von Klaus Schulten zunächst auf große Skepsis. Die Wechselwirkung des Kryptochrom mit dem geomagnetischen Feld ist um Größenordnungen schwächer als die mit magnetischen Kernmoment, und noch viel schwächer als jede thermische Wechselwirkung. Der wesentliche Beitrag von Schulten war daher die Identifizierung eines Nicht-Gleichgewicht-Mechanismus, der dieses Problem beseitigte. Wenn man mit ausgebreiteten Armen auf festem Boden steht und auf einem Arm ein kleiner Vogel landet, hat das kaum eine Auswirkung. Steht man aber auf einem Drahtseil 30 m über der Erde, stürzt man möglicherweis ab und stirbt. Die Stabilität ist kritisch.

Quanten-Verschränkung

Um zu verstehen, wie ein solcher Mechanismus funktionieren kann, ist ein kleiner Physik-Einschub erforderlich – mit einem recht neuen und heiß diskutierten Thema, der Quanten-Verschränkung.

Das physikalische Vakuum, der leere Raum, enthält virtuelle Elektron-Positron Paare, die eine Energie-Zufuhr benötigen, um reell zu werden. Ohne eine solche Energie müssen sie virtuell bleiben; wie Fische unter der Wasseroberfläche können sie nur kurz aus dem Wasser emporspringen und müssen dann sofort wieder abtauchen. Sowohl Elektron wie auch Positron besitzen inhärente Spins, und in den erwähnten Paaren müssen diese Spins in entgegengesetzte Richtungen zeigen, sodass der Gesamtspin des Paares null bleibt. Wenn wir nun die fehlende Energie liefern, wird das Paar reell, es existiert in unserer Welt; es bleibt aber ein Paar und hat weiterhin Gesamtspin null. Wenn wir nun die beiden Partner vorsichtig trennen, muss das weiter so bleiben, selbst wenn sie hundert Meter weit auseinander sind: wenn der eine Spin nach oben zeigt, muss der andere nach unten weisen. Die beiden bleiben „verschränkt". Aber das Ganze wird noch seltsamer. Ohne eine Messung weiß man nicht, wie ein gegebener Spin ausgerichtet ist; im Prinzip kann er sowohl nach oben wie nach unten zeigen. Im Rahmen der Quantenmechanik findet eine Überlagerung der beiden möglichen Spinzustände statt; der Spin nimmt nur durch eine Messung einen definierten Zustand an.

Wir messen nun den Spin eines Partners des weit getrennten Paares und stellen fest, dass er nach oben zeigt. Dadurch zwingen wir instantan (schneller als mit Lichtgeschwindigkeit) den anderen, weit entfernten Spin nach unten zu zeigen. Das scheint nur möglich, wenn die beiden Spins auch vor der Messung eine gegebene Ausrichtung hatten. Aber solche „versteckten Größen" sind in der Quantenmechanik nicht möglich; jeder der beiden Spins zeigte im Prinzip vor der Messung mit der gleichen Wahrscheinlichkeit nach oben wie nach unten, und ein bestimmter Wert wird erst durch eine Messung erreicht. Albert Einstein und seine Mitarbeiter Boris Podolsky und Nathan Rosen hatten bereits 1935 ein solches Gedankenexperiment vorgeschlagen. Einstein war sich sicher, dass eine solche „gespenstische" Fernwirkung unmöglich wäre, und sie hatten das Experiment erfunden, um die Quantenmechanik zu widerlegen.

Es ergab sich aber, dass der große Einstein hier irrte. Experimente zeigen heute, dass die verschränkten Paare verschränkt bleiben, selbst wenn sie hunderte von Kilometern getrennt sind; weder Raum noch Zeit zerstört die „Verschränktheit". Der große amerikanische Physiker Richard Feynman stellte fest, „es ist wohl sicher, dass niemand die Quantenmechanik versteht …"

Radikalpaar-Formation

Zunächst müssen wir daran erinnern, was in der Chemie als ein *Radikal* bezeichnet wird. Ein Atom besteht aus einem Kern, der von einer Wolke von Elektronen umgeben ist, die ihn umkreisen. Ein Elektron hat einen inhärenten Spin, der in eine bestimmte Richtung weist. Bei einer geraden Anzahl von Elektronen, wie z. B. bei Helium (He_4), bilden die Spins Paare. Im inneren Orbit zeigt einer nach oben, der andere nach unten, und im nächsten Orbit wiederholt sich das. Die Elektronen im Helium bilden also zwei Paare, jedes mit entgegengesetzten Spins. Im Falle einer ungeraden Elektronenzahl bleibt ein Elektron „übrig", ohne Partner, und diesen Zustand versucht das Atom möglichst zu umgehen. Es versucht, ein entsprechendes Partneratom zu finden, mit dem es sich zu einem Molekül verkoppeln kann: der Spin in einem der beiden Atome erhält dann einen Partner in dem anderen, mit entgegengesetzten Spin. Aus diesem Grund existiert Wasserstoff, ein Proton und ein Elektron, meist in molekularem Zustand (H_2), in dem die beiden Elektronen ihre Spin-Richtungen kompensieren. Ganz allgemein bezeichnet man Zustände mit „ungepaarten" Elektronen, sowohl Atome wie auch Moleküle, als *Radikale*. Sie sind sehr reaktionsfreudig und versuchen, sich mit anderen solchen Zuständen zu verbinden, um die „einsamen" Elektronen zu verpaaren.

Wenn wir nun ein solches, aus zwei Atomen bestehendes Molekül nehmen und die Verbindung aufbrechen, dann hat jedes Teil ein einsames Elektron: wir haben ein Paar von Radikalen erzeugt. Als Beispiel wird oft Methan betrachtet (CH_4), ein Kohlenstoff-Atom, das mit vier Wasserstoff-Atomen zu einem Molekül verkoppelt ist. Wenn wir eine Verkopplung aufbrechen, erhalten wir die zwei Radikale CH_3 und atomaren Wasserstoff H, jedes mit einem freien Elektron. Die beiden bis dahin gekoppelten Elektronen sind jetzt zwar getrennt, bilden aber weiterhin ein verschränktes Paar; sie haben zunächst entgegengesetzte Spins, sodass der Gesamtspin des Paares null ist. Das würde auch so bleiben, wenn sich das Paar allein in der Welt befinden würde. Aber es ist nicht allein …

Das verschränkte Paar befindet sich in der Nähe eines Atoms, und dessen Kern besteht aus Nukleonen, die auch Spins haben. Diese Spins können magnetisch mit den gepaarten Elektronenspins wechselwirken, und sie tun das auch („Hyperfeinwechselwirkung"). Diese Wechselwirkung kann den Spin des Paares von null auf eins flippen. Und da der Kern im allgemeinen viele Nukleonen enthält, oszilliert der Zustand des Paares zeitlich zwischen Singlet (Spin null) und Triplet (Spin eins), mit Frequenzen, die durch die Stärke der Hyperfeinwechselwirkung bestimmt werden. Die flache Basis-Ebene, die einem isolierten Paar entspricht, wird jetzt somit ersetzt durch eine wellige Fläche, mit vielen Höhen und Tiefen. Und während ein schwaches Magnetfeld auf das Paar im Gleichgewichtszustand auf der Ebene keinen Effekt hat, lässt es auch ein schwacher Stoß in der Nichtgleichgewichtswelt hinab rollen. Das Nichtgleichgewicht macht es möglich (Abb. 5.5).

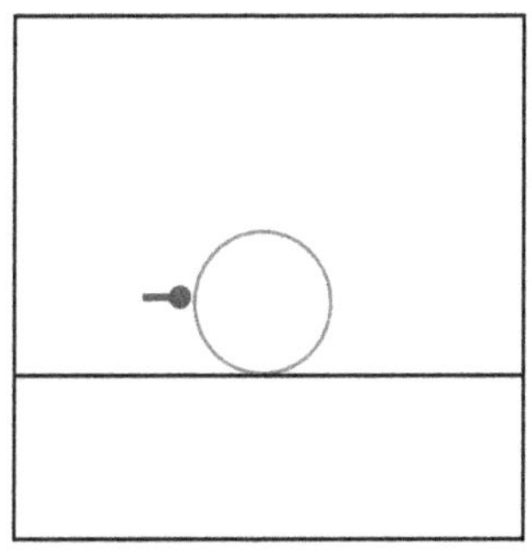
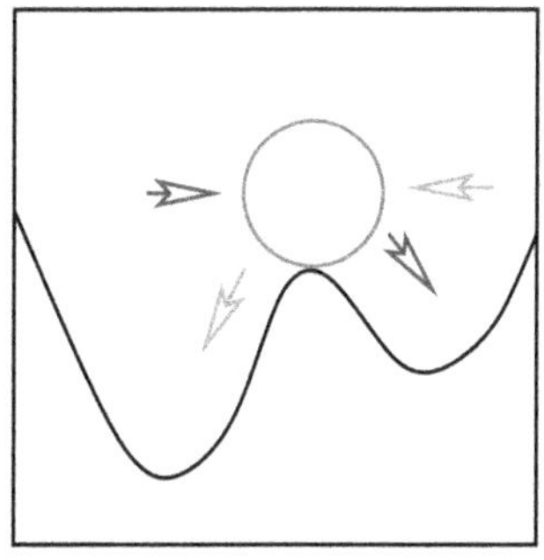

Gleichgewicht   Nichtgleichgewicht

Abb. 5.5 Im Nichtgleichgewicht kann eine schwache Wechselwirkung einen neuen Zustand erzeugen

Um das Molekül in ein Paar aufzubrechen, muss die entsprechende Verbindung zerstört werden, und das erreichst man durch einfallendes Licht einer geeigneten Frequenz. Das erzeugt zunächst ein verschränktes Paar mit Gesamtspin null; aber die Hyperfeinwechselwirkung lässt diesen Spin dann zwischen null und eins oszillieren. Wenn man das System danach sich selbst überlassen würde, würden die Radikale sich wieder zu Molekülen verbinden und den vorherigen Zustand von Spin null wieder herstellen. Aber wenn wir jetzt ein äußeres (irdisches) Magnetfeld einführen, selbst ein sehr schwaches, dann ist dessen Effekt auf die beiden Spinzustände unterschiedlich: ein Spinzustand wird zu einer höheren Energie verschoben, und die letztliche Rekombination erzeugt verschiedene Produkte. Und da die verantwortlichen Kryptochrom-Moleküle nicht symmetrisch sind, hängt der Effekt von der Ausrichtung des äußeren Feldes ab (Abb. 5.3): in einigen Richtungen ist er größer als in anderen. Die Vögel registrieren diesen Unterschied und können ihn als Kompass benutzen. Ein bestimmtes Paar von Radikalen ist kurzlebig und fällt rasch in ein molekulares Gleichgewicht zurück; aber die Retina enthält viele solcher Kryptochrome, sodass die Oszillationen kontinuierliche Kompass-Information liefern.

Die Vögel könnten das als Kompass benutzen – aber tun sie das auch? Als Schulten zuerst diese Möglichkeit vorstellte, stieß er auf viel Skepsis. Die legte sich etwas, als er und Thorsten Ritz von der Universität Kalifornien Kryptochrom ins Spiel brachten, als ein lichtempfindliches Protein, das in der Retina der Vögel enthalten ist und eine mögliche Basis für Radikalpaar-Formation bildet. Man nahm an, dass die Anregung der Radikalpaare durch Lichteinfall stattfand. Das erhielt wesentliche Unterstützung, als Roswitha und Wolfgang Wiltschko von der Universität Frankfurt zeigen konnten, dass ein solcher Kompass für Vögel nur bei blauem und grünem Licht funktionierte, erforderlich um die kritische Bindung zu brechen; bei der niedrigeren Frequenz von rotem Licht blieben die Vögel desorientiert.

Es gibt somit mindestens drei Formen von Kompass für Vögel: Sonne und Magnetfeld für tagaktive Vögel, und zusätzlich Sternkonfigurationen für nächtliche Flüge.

Menschen benutzen den Magnetkompass, um die Nordrichtung zu bestimmen; die Bestimmung der Ost-West-Position ist viel schwieriger, wie schon erwähnt; sie ist nicht lösbar mit Hilfe des üblichen Magnetkompasses. Wie können Vögel dieses Problem lösen?

In einem bahnbrechenden Experiment in Russland hatten Nikita Chernetsov und Mitarbeiter eine Anzahl von Schilfrohrsängern (*Acrocephalus scirpaceus*) gefangen, auf ihrem Flug von Ostpreussen zum Ladoga-See bei St. Petersburg. Sie versetzten sie um 1000 km weiter östlich des Fangortes und teilten sie in zwei Gruppen. Gruppe A wurde dort einfach freigesetzt, während in Gruppe B der der trigeminale Nerv, der magnetische Information an das Gehirn weiterleitet, vor dem Freilassen ausgeschaltet wurde. Gruppe A korrigierte die Verschiebung von sich aaus und erreichte das geplante Gebiet am Ladoga-See. Gruppe B flog weiter in der Richtung, in der beim Einfangen geflogen waren und erreichten somit ein ganz anderes Gebiet. Sie waren beim Fang in nordöstlicher Richtung geflogen und flogen jetzt weiter so; sie verfügten also noch über einen Teil der Kompass-Information. Aber der weitere Indikator, der sie über die Ostverschiebung hätte informieren können, der war nicht mehr operativ. Man meint daher, dass das Magnetit im Schnabel die Information über die Landkarte liefert, während das Kryptochrom den Kompass stellt. Die magnetisch aktivierten Chemikalien im Auge führen offenbar zu einer modifizierten Farbwahrnehmung, je nach der Ausrichtung des Magnetfeldes. Daher konnten die Schilfrohrsänger mit dem ausgeschalteten Trigeminalnerv immer noch sehen, in welcher Richtung Nord-Osten ist; sie konnten aber die anderen Variablen, wie Intensität oder Deklination nicht bestimmen – dafür war das Magnetit notwendig.

Neuere Untersuchungen (Wu und Dickman) haben gezeigt, dass magnetische Felder außerdem Neuronen in der Lagena des Innerohrs anregen (das Organ verantwortlich für die Bestimmung des körperlichen Gleichgewichts); das sollte auch Richtungsinformationen liefern.

Literatur

N. Chernetsov et al., *Migratory Eurasian reed warblers can use magnetic declination to solve longitude in* , Current Biology (2017) 2647

A. Einstein., B. Rosen, N. Podolsky, *Can quantum-mechanical description of physical reality be considered complete*, Phys. Rev. 47 (1935) 777

P. J. Hore and Henrik Mouritsen, *The Radical-Pair Mechanism of Magnetoreception*, The Annual Review of Biophysics 45 (2016) 299.

P. J. Hore and Henrik Mouritsen, *The Radical-Pair Mechanism of Magnetoreception*, The Annual Review of Biophysics 45 (2016) 299.

D. Kishkinev et al., *Migratory Reed Warblers Need Intact Trigeminal Nerves to Correct for a 1000 km Eastward Displacement*, PLoS ONE 8(6) (2013) e65847

Alexander von Middendorf, *Die Isepiptesen Russlands*, Memoires de l'Academie des Sciences de St. Petersbourg, VI Serie, Sciences Naturelles, T. VIII, St. Petersburg 1855

T. Ritz, S. Adern and K. Schulten, *A model for photoreceptor-based magnetoreception in birds*, Biophjys. J. 78 (2000) 707

K. Schulten, C. E. Swenberg and A. Weller, *A biomagnetic sensory mechanism based on magnetic field modulated coherentbb electron spin motion*, Zeitschr. Physik. Chemie 111 (1978) 1.

R. Wiltschko and W. Wiltschko, *Avian Navigation: A Combination of Innate and Learned Mechanisms*, Adv. In the Study of Behavior 47 (2015) 229

L-Q. Wu and J. D. Dickman, *Magnetoreception in an avian brain in part mediated by inner ear lagena*, Current Biology 21 (2011) 418

6

Der Vogelzug

Vuela, vuela, vuela, golondrina,
Vuelve del más allá
Vuelve desde el fondo de la vida
Sobre la luz, cruzando el mar,
cruzando el mar.

Fliege, fliege, fliege, kleine Schwalbe,
kehr' zurück aus weiter Ferne,
kehr' zurück aus der Tiefe des Lebens,
folge dem Licht, überquere das Meer,
überquere das Meer.

Las Golondrinas
Eduardo Falu (1936–2013)
Argentischer Sänger und Komponist

Jedes Jahr, im Herbst und im Frühling, sind Millionen und Abermillionen von Vögeln unterwegs, im Fluge von ihren nördlichen Nistregionen zu südlichen Gefilden, in denen sie besser überwintern können – und umgekehrt. Sie flie-

© Der/die Autor(en), exklusiv lizenziert an Springer-Verlag GmbH, DE, ein Teil von Springer Nature 2026
H. Satz, *Die Wege der Vögel*,
https://doi.org/10.1007/978-3-662-72843-7_6

gen tagsüber, wie Kraniche und Schwalben, oder nachts, wie viele Singvögel. Sie fliegen über Land, wie Störche, um die thermischen Aufwinde auszunutzen, oder über das offene Meer, wie Sturmtaucher und Pfuhlschnepfen. Sie fliegen in Schwärmen, wie Gänse und Kraniche, oder sie fliegen alleine, wie die meisten Singvögel und Seevögel. Sie überqueren den größten Ozean der Erde, den Pazifik, wie die Pfuhlschnepfen auf ihrem Weg von Alaska nach Neuseeland, und sie überqueren das höchste Gebirge der Erde, den Himalaya, wie Streifengänse und Jungfernkraniche auf dem Zug aus der Mongolei und aus Sibirien nach Indien. Sie umfliegen die Erde in weniger als 80 Tagen, wie Albatrosse. Und wie schon erwähnt, Jahrhunderte bevor Bartolomeo Dias das Kap der Guten Hoffnung in Südafrika erreichte, waren Schwalben aus Europa jedes Jahr dorthin geflogen und zurück. Was Navigation angeht, können Vögel die Menschen mit Leichtigkeit übertreffen. In diesem Kapitel wollen wir einige dieser ständig stattfindenden Leistungen der Vögel in mehr Detail betrachten und auch darauf eingehen, wie sie untersucht wurden.

Beobachtungsmethoden

Wie kann man den Vogelzug untersuchen? Zunächst war das eine reine Frage der Beobachtung: wir merkten, dass es Vögel gab, die im Sommer hier waren und im Winter nicht mehr. Bei größeren Vögeln, Kranichen, Störchen und mehr, war es klar, dass sie nach Süden zogen, da man sie in ihren Vogelzügen sehen konnte. Für die kleineren gab es widersprüchliche Erklärungen. So behauptete zum Beispiel Aristoteles, dass Schwalben den Winter unter der Erde verbringen würden oder am Boden von Seen, und diese „Erklärung" hielt sich lange, über tausend Jahre. Selbst der große schwedische Naturalist Linne glaubt noch daran. Eine systematische

Untersuchung von Vogelzügen begann um die Mitte des achtzehnten Jahrhunderts, und eine wissenschaftliche Basis für Vogelzüge wurde erst im letzten Jahrhundert erstellt, mit der Einführung der Beringung von identifizierten Spezies.

Im Mittelalter war es nicht ungewöhnlich, an Vogelbeinen Ringe anzubringen, hauptsächlich bei Falken und anderen Raubvögeln, um den Besitzer zu identifizieren. Im Jahre 1889 löste der dänische Wissenschaftler H. C. C. Mortensen ein neues Zeitalter der Vogelzug-Forschung aus. Er fing Vögel, zunächst hauptsächlich Stare, und brachte Metallringe an ihren Beinen an, die eine Registratur-Nummer sowie eine Melde-Adresse enthielten; dann setzte er sie wieder frei, in der Hoffnung, dass sie später irgendwo gefunden würden. Die Reaktion darauf war so vielversprechend, dass in den Folgejahren die Methode in den meisten europäischen Ländern und in den USA eingeführt wurde. Bis 1973 waren mehr als 20 Mio. Vögel in den USA und in Kanada beringt, und Schätzungen führen auf über 55 Mio. in der ganzen Welt. Um Information zu liefern, mussten diese Vögel irgendwo anders wieder gefangen und identifiziert werden. Die Beringung wurde ja zunächst hauptsächlich in gemäßigten Breiten durchgeführt, sodass die Identifizierung meist in weit entfernten tropischen Zonen stattfinden musste, was zu einem erheblichen Verlust an beringten Vögeln führte. Seit den letzten Jahren wurden aber auch in Afrika Vögel beringt und danach in Europe wieder gefangen, sodass man jetzt auch etwas über die umgekehrte Vogelzug-Richtung weiß. Heute wird die Beringung weltweit von speziellen wissenschaftlichen Stationen durchgeführt, und das hat zu beachtlichen Erkenntnissen über den Vogelzug geführt.

Man erhält so natürlich immer nur Zweipunkt-Information, die einen Start bestimmt, als der Vogel gefangen, beringt und freigesetzt wurde, und einen Endpunkt, als der Vogel dann wieder gefangen wurde. Der Traum, den Vögeln auch *während* ihres Zuges zu folgen, der wurde erst Wirklichkeit durch die Erfindung von so kleinen miniaturisierten elektronischen Sendern, dass man sie an mittelgroßen oder selbst kleinen Vögeln anbringen konnte. Heute gibt es eine Vielzahl solcher Geräte, die aber von zwei Typen sind: Sender und Standortbestimmer (*Geolokalisierer*).

Am Anfang begann man mit Radiosendern, die auf dem Rücken der Vögel befestigt waren und mit Batterien betrieben wurden; sie sendeten ein für den jeweiligen Vogel spezifisches Signal. Sie waren recht schwer und das emittierte Signal reichte nicht sehr weit, sodass zunächst den Vögeln mit einem Auto auf der Erde gefolgt wurde, das ein Empfangsgerät mitführte. Heute sind die benötigten Batterien sehr viel leichter, und es gibt Tausende von stationären Empfängern (MOTUS), die über einen Großteil der Erde eingerichtet sind. Der Flug eines sendenden Vogels kann so recht gut verfolgt werden durch die Information, die von verschiedenen Empfängern auf der Erde registriert wurden.

Die Einrichtung von Satelliten, die die Erde umkreisen, machte die Empfänger auf der Erde nicht mehr erforderlich. Die Vögel tragen heute kleine, leichte Sender, deren Signal von dem örtlich nächsten Satelliten empfangen wird. Dieser benutzt die erhaltene Information, um den Ort des Vogels zu bestimmen und an den Sender zurückzuleiten. Der gibt ihn dann an einen zentralen Sammelpunkt weiter oder speichert ihn, sodass er aufgezeichnet werden kann, wenn der Vogel wieder gefangen wird.

Die Alternative sind Standortbestimmer (Geolokalisierer). Sie bestehen aus einem Lichtsensor, einer internen Uhr, einem Datenspeichergerät und einer Batterie (Abb. 6.3). Der Lichtsensor registriert das gegebene Licht zweimal täglich, etwa bei Sonnenaufgang und Sonnenuntergang, und das Resultat wird dann auf dem entsprechenden Gerät gespeichert. Man benutzt nun die Tatsache, dass die Zeiten für Sonnenaufgang und –untergang für

Abb. 6.1 Zitronenwaldsänger (Pronotaria citrea) mit Geolokalisierer

einen gegebenen Punkt auf der Erde bestimmt sind. Diese Bestimmung invertiert man nun einfach: die Kenntnis der Zeit des Sonnenaufgang legt den Ort der Messung fest. Der Geolokalisierer kann sehr leicht sein, mit Gewichten bis zu weniger als einem Gramm, sodass er selbst für sehr kleine Vögel eingesetzt werden kann. Das Gerät speichert die Information und sendet sie nicht weiter. Daher werden diese Geräte an den Vögeln für einen gesamten Vogelzugzyklus angebracht, für ein Jahr. Danach muss der Vogel dann wieder gefangen werden, um die gespeicherte Information auszuwerten (Abb. 6.1).

Warum, wo und wann?

Warum finden Vogelzüge überhaupt statt? Es gibt eine Reihe von Gründen dafür, und in den meisten Fällen ist es auch eine Kombination dieser Gründe, die den Zug auslöst. Wir beschränken uns hier auf die Nordhalbkugel, wo, wie wir gleich sehen werden, die meisten Vogelzüge stattfinden. Im Norden sind die Tage im Sommer länger und verhältnismäßig warm, es gibt viele Insekten und wenig natürliche Feinde: es ist also wirklich der Ort, um Junge aufzuziehen. Im Winter ist es umgekehrt im Norden: keine Insekten, kürzere Tag, Schnee und Kälte – für die meisten Arten sind das Bedingungen, die das Überleben bedrohen oder gar verhindern. Die Bedingungen im Süden sind jetzt eindeutig besser, sie bleiben das aber nur während des nördlichen Winters. Auf einer absoluten Skala gewinnt der Norden, und deshalb kehren die Vögel zurück, sobald das Leben dort wieder möglich wird (mit einigen neueren Ausnahmen, auf die wir gleich zurückkommen werden). In einigen südlichen Regionen können periodische Trockenheiten einen Grund für saisonbedingte Verschiebungen des Lebensraums bilden.

Wir hatten schon angedeutet, dass Vogelzüge, insbesondere solche über lange Entfernungen, hauptsächlich in der Nordhalbkugel stattfinden, obwohl es sie an sich in der ganzen Welt gibt. Dafür gibt es zwei wesentliche Gründe. Erstens liegen 4/5 der irdischen Landmasse in der nördlichen Hemisphäre, nur 1/5 in der südlichen. Und die Landmasse im Norden reicht bis weit in die Arktis, währen in den meisten südlichen Landregionen ein warmes Klima herrscht. Der Hauptgrund für die Vogelzüge, das Umgehen der ungünstigen Winterbedingungen, ist deshalb im Süden weniger oder gar nicht vorhanden. Die meisten südlichen Züge sind daher auch kürzer und mehr um Trockenheit als um Kälte zu umgehen. Während etliche nördliche Spezies weit über den Äquator nach Süden ziehen und zurück, gibt es wohl keine südliche Spezies, die über den Äquator hinaus nach Norden zieht – sie bleiben unterhalb des Äquators. Deshalb betrifft das meiste, das wir hier behandeln werden, aus der nördlichen Halbkugel startende Vogelzüge.

Das führt zu einer Frage, die Ornithologen bereits des Öfteren beschäftigt hat: wie sind Vogelzüge angefangen?

Sind Vögel aus dem Norden gen Süden gezogen, um dem aufziehenden Winter zu entkommen, oder sind Vögel aus dem Süden zufällig nach Norden gezogen und haben dort die längeren Tage und das reichhaltigere Nahrungsangebot entdeckt? Gab es eine ursprüngliche Heimat? Nach Untersuchungen der Bevölkerungsentwicklung verschiedener Spezies scheint sich die Idee einer nördlichen Heimat durchzusetzen. Man fand, dass mit der Zeit die Überwinterungsgebiete verschiedener Spezies sich immer weiter nach Süden verschoben, und man beobachtet jetzt, dass mit der globalen Erwärmung einige Spezies ihre Aufenthalte im Süden abkürzen. Störche, die früher in das Afrika südlich der Sahara flogen, bleiben jetzt in Spanien oder Portugal. Und das Verhalten einiger neuerer Schwalbenkolonien in Südamerika liefert weitere Unterstützung dafür.

Die eingangs in dem Lied erwähnten argentinischen Schwalben führen zu einer amüsanten Fortsetzung dieser Geschichte. Ursprünglich kamen alle Rauschschwalben (*Hirundo rustica*) (Abb. 6.2) in Argentinien aus Nordame-

Abb. 6.2   Rauchschwalbe (Hirundo rustica)

rika; sie zogen südwärts beim nördlichen Winteranfang und dann wieder nach Norden beim südlichen Winteranfang, also beim nördlichen Frühling. Im Norden paarten sie sich und zogen ihre Jungen auf, im Süden mauserten sie sich, erneuerten also ihr Federkleid.

Vor einiger Zeit jedoch fanden einige der Zugvögel Gefallen an dem Leben in Argentinien und beschlossen, dort zu bleiben und sich dort fortzupflanzen. Im Jahre 1980 hatte man sechs Paare entdeckt, die meist unter Brücken lebten; heute gibt es dort aber schon tausende von Paaren, entweder weitere „Nicht-Rückkehrer" oder Nachfahren der ersten Paare. Es gibt heute also eine autonome südliche Schwalben-Kolonie, Tiere, die permanent in Südamerika leben und sich auf erstaunliche Weise an die Umkehrung der Jahreszeiten angepasst haben. Einige Zeitlang war es nicht klar, wo sie im südlichen Winter bleiben, also in unserem Sommer. Man inzwischen nachgewiesen, dass sie den südlichen Sommer, Dezember bis Februar, in Argentinien verbringen und im März dann nordwärts fliegen, nach Venezuela und dem nördlichen Brasilien, wo sie den südlichen Winter verbringen und sich mausern. Im November ziehen sie dann wieder südwärts. Ganz von sich aus haben also ihren Lebenswandel um sechs Monate verschoben, um sich den örtlichen Jahreszeiten anzupassen, entsprechend ihres verschobenen Aufenthaltsbereichs.

In Europa sind die Schwalben ein fester Teil des Jahreszeitwandels. Ein deutsches Sprichwort besagt, dass „eine Schwalbe noch nicht den Sommer macht". Wie schon erwähnt, ziehen sie von hier bis hinunter nach Südafrika, und sie finden auch den Weg zurück und machen den Sommer. Es wäre sicher interessant zu untersuchen, ob hier einige tapfere Paare dem Beispiel ihrer amerikanischen Artgenossen folgen werden, im Süden bleiben, dort eine neue Kolonie gründen und ihren Zeitplan entsprechend anpassen.

Das lässt uns mit der Frage, wodurch der Vogelzug tatsächlich ausgelöst wird, im Herbst wie auch im Frühling. Die Vögel führen ihre Züge zu erstaunlich festgelegten Zeiten durch – es ist nicht so, dass an einem kalten Tag in Lappland, mit erstem Schnee, die Gänse beschließen, dass man jetzt ziehen müsste. Und in den südlichen Regionen, in denen sie überwintern, ist das Klima recht stabil und gibt kaum Anlass, gen Norden zu ziehen. Dort ist der Sommer aber relativ kurz, und wenn sie zu spät kommen, ist ihr Überleben gefährdet – der Auslöser ist also kritisch. Bis jetzt hat man die meisten erwähnten Auslöser ausgeschlossen – die Länge der Tage, die Temperatur, das Wetter, und mehr. Solche Umweltaspekte können auch eine Rolle spielen, aber sie sind nicht entscheidend.

Um 1950 hatte in Deutschland der Ornithologe Gustav Kramer in Käfigen gehaltene Vögel untersucht und festgestellt, dass sie etwas zeigten, das er *Zugunruhe* nannte. Sie flatterten während ihrer Zugzeit in ihren Käfigen in die Zugrichtung, und die Länge der Zeit, in der sie flatterten, entsprach der zeitlichen Länge des Vogelzugs. Inzwischen gibt es recht ausführliches Material über dieses Verhalten. Wenn junge Vögel in einer natürlichen Umgebung gehalten werden, mit oder ohne Kontakt zu erwachsenen Vögeln, unter festen Lichtbedingungen (z. B. konstante 12 h/Tag) und an verschiedenen geografischen Orten: die Zugunruhe setzte immer regelmäßig und zu fester Zeit ein. In anderen Worten, es gelang den Ornithologen nicht, äußere Faktoren zu finden, die den regelmäßig halbjährlich einsetzenden Zugtrieb gestört hätte; Zeit und Richtung scheinen endogen, angeboren zu sein.

Und man fand, dass die Länge der Zeit, in der die Vögel Zugunruhe zeigten, wie viele Tage oder Nächte sie flatterten, abhängig war von der Entfernung, die normalerweise im Zug zurückgelegt wird. Es scheint also, als ob die Vögel ein angeborenes genetisches Programm besitzen, das ihnen sagt wann sie abfliegen sollen, in welche Richtung, und wie lange sie fliegen müssen. Was sie aber brauchen, ist ein Kompass, um sie in der richtigen Bahn zu halten. Die Natur hat sie aber anscheinend mit mehr ausgestattet. Wir hatten in Kap. 2 gesehen, dass Stare, sobald sie einmal den Zug gemacht haben, sich daran erinnern und wisssen, wo sie sind. Wenn erfahrene Vögel versetzt wurden, bemerkten sie die Verschiebung und flogen nicht in der genetisch vorgegebenen Richtung weiter, sondern änderten ihre Flugrichtung, um auf die geplante Spur zurückzukommen. Nur die Jungen, die dort noch nicht gewesen waren, flogen weiter in die alte Richtung – entweder, weil sie diese geerbt hatten, oder weil es die Richtung war, in der sie beim Einfangen geflogen waren, oder beides.

Ein ähnliches Ergebnis wurde in dem Experiment von Chernetsev et al. gefunden, das wir im vorigen Kapitel erwähnt hatten. Sie hatten Schilfrohrsänger bei ihrer Rückkehr ins nördliche Russland um einige 1000 km weiter östlich versetzt. Ein Teil der Gruppe bestand aus intakten Vögeln, bei einem anderen Teil war das Magnetit in den Schnäbeln inaktiviert worden. Die „normalen" Vögel bemerkten die Versetzung, änderten ihre Flugrichtung und erreichten das geplante sommerliche Nistgebiet. Die „modifizierten" Vögel jedoch behielten ihre alte Flugrichtung bei. Das genetische Programm ist also nur ein Teil des Bildes – intakte Vögel „wissen" wo sie sind und wo sie hinwollen; sie können somit auf Unterbrechungen und Änderungen korrigierend einwirken. Diese Fähigkeit ist offensichtlich sehr nützlich in Notfallsituationen, wie sie z. B. durch heftige Stürme erzeugt werden können.

Dass die wesentlichen Aspekte des Vogelzugs genetischen Ursprungs sind, sieht man vielleicht am besten und ohne menschliche Einwirkung am Kuckuck (*Cuculus canorus*). Sein Vogelzug findet über große Entfernungen statt; die kurzen Sommermonate verbringt er in Mitteleuropa, den

Winter im Kongo-Gebiet von Afrika. Er zieht in recht entspannter Weise, sodass er im Frühjahr und im Herbst mehre Monate unterwegs ist. Der kritische Punkt beruht auf der bekannten Weise seiner Fortpflanzung. Die Kuckucksmutter legt ihre Eier in die Nester anderer Vögel, ein Ei jeweils in das Nest der ausgewählten Stiefeltern. Die armen Gasteltern verstehen den Trick nicht, sie brüten das Ei aus und füttern das Kuckucksküken (Abb. 6.3).

Abb. 6.3 Die Stiefmutter füttert das Kuckucksküken. (Foto Per Harald Olsen)

Das Kuckucks küken wächst schnell und wirft die wahren Küken der Mutter aus dem Nest, und sie sterben. In etwa drei Wochen wird der kleine Kuckuck flügge und verlässt das Nest. Er hat noch nie Kontakt zu irgendeinem anderen Kuckuck gehabt, aber wenn der Herbst kommt, beginnt er seinen Vogelzug. Er weiß wann (zwei bis drei Wochen später als erwachsene Vögel) und wohin, er fliegt gen Süden und erreicht so letztlich den Kongo. Dort trifft er endlich auf seine wahren Eltern und andere erwachsene Kuckucke. Was auch immer die Erwachsenen auf früheren Vogelzügen gelernt haben mögen, hilft unserem Neuling nicht: es ist seine erste Reise, er fliegt allein und er erreicht sein Ziel.

Vogelzugwege

Im Allgemeinen und für viele Spezies finden Vogelzüge entlang wohldefinierter Routen statt, die hauptsächlich durch prominente Landmarken definiert sind. In Europa verläuft die westliche Route von Skandinavien durch Norddeutschland, die Niederlande, Frankreich und Spanien, um Afrika über die Straße von Gibraltar zu erreichen. Von dort verläuft sie entweder entlang der afrikanischen Küste oder über die Sahara ins südlichere Afrika. Die östliche Route verläuft durch Griechenland, die Türkei, den Nahen Osten und den Nil entlang ins südlichere Afrika.

Ganz ähnlich haben Zugvögel wohl definierte Routen auf dem nordamerikanischen Kontinent, wo sich ihr Verlauf etwas vereinfacht, da alle wesentlichen Gebirgszüge in nord-südlicher Richtung verlaufen. Eine Route verläuft entlang der Appalachen nach Florida und weiter in den Süden, eine weitere entlang des Mississippi und über den Golf von Mexiko, eine entlang der Ostseite der Rocky Mountains und schließlich eine entlang deren Westseite, an der Pazifik-Küste. Die beiden letzteren führen über Mexiko nach Südamerika.

In sowohl den europäischen wie auch den amerikanischen Routen heißt es im Wesentlichen „nach Süden" und folge den erwähnten Landmarken. Die Erforschung dieser Vogelzüge ist ein eigenständiges Forschungsgebiet, über das es hervorragende Zusammenfassungen gibt, von denen wir einige zitieren.

Unser Ziel hier ist etwas anders. Wir wollen auf einige Vogelzug-Beispiele eingehen, in denen die Vögel unglaubliche Entfernungen zurücklegen, was perfekte Navigationskenntnisse erfordert. Alle Untersuchungen, die wir betrachten wollen, sind recht neu und benutzen elektronische Messungen, die eine vollständige Bestimmung der Zugrouten möglich machen. Wir wollen Fälle behandeln, in denen Landmarken – Flüsse, Berge, Küsten und mehr – definitiv nicht genügen, um den gesamten Zug zu bestimmen. Sie helfen bestenfalls am Anfang oder Ende der Reise, um das örtliche Ziel zu identifizieren. In zwei Fällen haben wir Seevögel, und in den weiteren Landbewohner.

Bis ans Ende der Welt

Wir beginnen mit einem Seevogel, der Küstenseeschwalbe (Abb. 6.4); sie gilt als der Zugvogel mit dem längsten Zugweg, und sie ist ein echtes Polarwesen. Ihr Paarungs- und Aufzuchtgebiet sind die arktischen Regionen von Europa, Asien und Amerika, um den Polarkreis und nördlich davon. In den Sommermonaten geht die Sonne dort nie unter, aber in den Wintermonaten herrscht totale Dunkelheit. Die Seeschwalben verbringen diese Zeit in der Antarktis, im südlichen Sommer, wo dann die Sonne wieder den ganzen Tag scheint. Die Küstenseeschwalben erleben somit mehr Sonnenschein als alle anderen Lebewesen, von sowohl der nördlichen wie auch der südlichen Mitternachtssonne.

Abb. 6.4   Küstenseeschwalbe (Sterna paradisaea)

Die Seeschwalben fressen Fische, Quallen und Schalentiere, die sie im Sturzflug von oben fangen. Sie sind hervorragende Flieger und können lange im Gleitflug auf Luftströmungen verbringen; und sie schlafen tatsächlich auch im Fluge. Der kürzeste Weg von der Arktis in die Antarktis beträgt mehr als 15.000 km in einer Richtung, aber die Seeschwalben fliegen nie einfach den geraden Weg; sie folgen Nahrungsvorkommen, Luftströmungen und mehr, sodass sie mitunter mehr als 1000 km vom Weg abkommen und somit viel weitere Strecken zurücklegen.

Eine Küstenseeschwalbe, die mit einem elektronischem Ortsbestimmer ausgestattet war, wurde im Juli 2015 im nördlichen Großbritannien freigelassen; sie war nach einem Jahr wieder dort, mit einem Streckenrekord von mehr als 100.000 km. Sie flog vom Startort nach Südafrika, über den indischen Ozean in die Antarktis, verbrachte einige Zeit im Wedell-Meer unterhalb von Südamerika, flog dann zurück nach Südafrika und von dort nach Großbritannien, entlang der westafrikanischen Küste. Die gemessene Entfernung liegt beträchtlich unter der tatsächlich zurückgelegten, wie die britischen Wissenschaftler Richard Bevin und Chris Redfern (Newcastle University) betonen. Die Position wurde zweimal täglich gemessen, und die tägliche Wegstrecke zwischen diesen Messpunkten bestimmt; die vorhandenen Abweichungen von einem geraden Weg wurden somit nicht berücksichtigt. Ortsbestimmer (GPS Geräte) für kontinuierliche Messungen waren zur fraglichen Zeit noch zu schwer für die Vögel.

Aber es sind nicht nur die erstaunlichen Entfernungen die zurückgelegt werden – man findet zudem, dass die Vögel, wie ihre pünktlichen Rückkehren zeigen, wissen wo sie wann sind auf ihren Flügen, wovon viele über das offene Meer führen, ohne irgendwelche Landmarken. Wenn sie im März über dem antarktischen Meer fliegen, ist ihnen klar, dass sie im Juli wieder in der Arktis sein müssen, und sie wissen, wie man dort hinkommt.

Unser nächster Rekord betrifft den längsten direkten nonstop Flug, ausgeführt von einer als Pfuhlschnepfe (*Limosa lapponica*) bezeichneten Seevogel Spezies, genauer einer Unterart genannt *baueri* (Abb. 6.5). Die Vögel paaren

Abb. 6.5 Pfuhlschnepfe. (Foto Tom Dove)

sich und ziehen ihre Jungen auf im Sommer in Alaska. Im Herbst ziehen sie nach Süden und verbringen den nördlichen Winter in Neuseeland und Australien, mehr als 10.000 km weiter südlich. Die Einzelheiten des Fluges wurden 2009 bestimmt, durch Messungen des gesamten Fluges einer bestimmten Pfuhlschnepfe. Der fragliche Vogel, ein als E7 bezeichnetes Weibchen, trug einen eingesetzten elektronischen Sender, dessen Signale von einem Satelliten verfolgtes Signal. Der Flug wurde registriert von Neuseeland über China nach Alaska, und dann zurück nach Neuseeland (Battley et al. 2012).

Man hat festgestellt, dass die Pfuhlschnepfen normalerweise über China nach Norden fliegen, wo die Wattflächen des Gelben Flusses vielfältige Nahrung bieten und somit einen idealen Halt auf dem Wege nach Norden bilden. Beim Rückflug hatte E7 die 11.500 km von Alaska nach Neuseeland in sieben Tagen geschafft, praktisch ohne Halt oder Nahrungsaufnahme. Zum Vergleich: moderne Flugzeuge verfügen über eine Reichweite von etwa 15.000 km. Der Vogel flog mit einer mittleren Geschwindigkeit von 70 km/h; das heißt, dass er die Strecke im Wesentlichen nonstop geflogen war. Wir wollen hier besonders betonen, dass er das Ziel über eine so große Entfernung und über den offenen Ozean erreicht hat, ohne irgendwelche Landmarken (Abb. 6.6). Mit einem Richtungsfehler von nur wenigen Grad hätte er Neuseeland nie erreicht; er muss also wirklich über eine sehr genaue Navigationsfähigkeit verfügen.

In der Folgezeit wurden ähnliche Flüge auch bei anderen Pfuhlschnepfen beobachtet. So wurde insbesondere im Jahre 2020 der Flug eines männlichen Vogels gemessen, der nonstop von Alaska nach New South Wales, Australien, geflogen war, über eine Entfernung von 13.500 km. Wie erwähnt, fliegen die Vögel im Allgemeinen nordwärts via China, aber nach Süden direkt. Sie müssen also über eine innere „anwendbare" Landkarte verfügen.

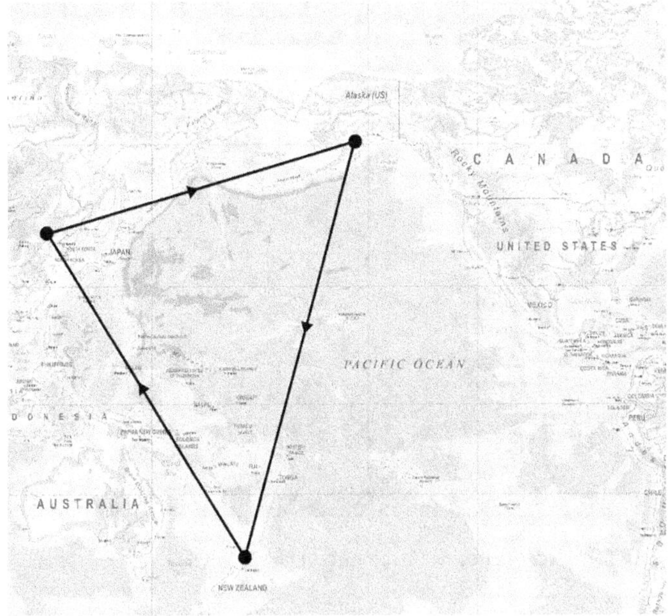

Abb. 6.6 Schematische Darstellung der Pfuhlschnepfen-Flugroute. (Nach Battley et al. 2012)

Vögel legen aber auch über Land solche Entfernungen zurück. Den Rekord hält hier der nördliche Steinschmätzer (*Oenanthe oenanthe*), ein kleiner Singvogel, nur unwesentlich größer als unser Rotkehlchen (Abb. 6.7). Die Vögel treten in den meisten subarktischen Gebieten der Erde auf, aber es gibt zwei Gruppen mit verschiedene Zugformen. Diejenigen, deren Sommergebiet im nordöstlichen Kanada liegt, fliegen zum Überwintern nach Westafrika (Mauretanien), über Grönland und Großbritannien, und etwa 3400 km über offenes Meer. Ihre Verwandten aus Alaska und Nordost-Sibirien fliegen nach Ostafrika (Kenia und Sudan) über das nördliche Russland, Zentralasien und die arabische Wüste. Das macht in einer Richtung etwa 15.000 km, sodass diese kleinen Vögel den längsten Zugweg aller Singvögel haben (Abb. 6.8).

Abb. 6.7 Nördlicher Steinschmätzer

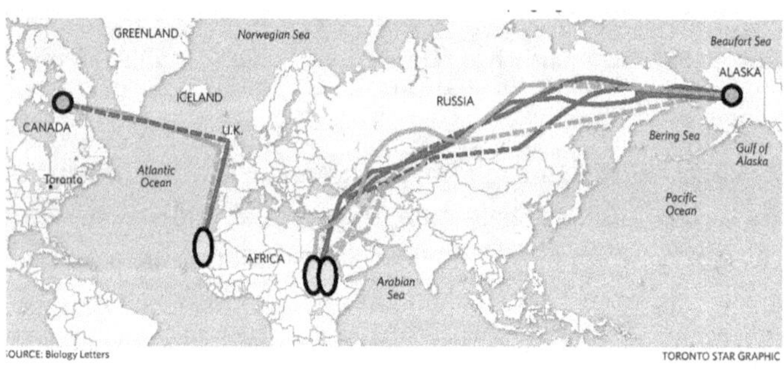

Abb. 6.8 Zugwege des nördlichen Steinschmätzers. (Nach Bairlein et al. 2012)

Für einen Vogel, der 25 g oder weniger wiegt, ist das wirklich eine unglaubliche Leistung. Um diese auszuführen, teilen die Vögel das Jahr effektiv in vier Teile: drei Monate zum Brüten und zur Aufzucht der Jungen, drei Monate für die Reise nach Afrika, drei Monate dort zum Ausruhen und

Fressen, und schließlich noch wieder drei für die Rückkehr in die Subarktis.

Und diese kleinen Vögel stellen uns natürlich vor ein ungelöstes Rätsel. Warum haben sich die Vögel aus dem Norden entschlossen, den Winter in Afrika südlich der Sahara zu verbringen. Man glaubt allgemein, dass die Zuginformation inhärent ist, also vererbt. Aber das beantwortet die Frage nicht. Warum fliegen sie so große Ost-West-Entfernungen, statt einfach direkter nach Süden zu ziehen. Die meisten Zugvögel vom amerikanischen Kontinent ziehen nach Südamerika; warum wollen die kanadischen Steinschmätzer unbedingt nach Afrika? Und statt erst tausende von Kilometern nach Westen und dann nach Süden zu fliegen, könnten die Vögel aus Alaska doch einfach südwärts der amerikanischen Küste folgen nach Südamerika …

Literatur

Rauchschwalbe

M. M. Martinez, *Nidificacionde Hirundo rustica reythrogaster en la Argentina, Neotropica* 29 (1983) 83

S. M. Billerman et al., *Population Genetics of a Recent Transcontinental Colonization of South America by Breeding Barn Swallows (Hirundo Rustica),* The Auk 128 (2011) 506

B. Garcia-Perez et al., *A New Migration Strategy for the Disjunct Argentinean Breeding Population of Barn Swallow (Hirundo rustica),* PLOS 8 (2913)

J. M. Grande et al., *Barn Swallows keep expanding their breeding range in South America,* Emu 115 (2015) 256

D. W. Winkler et al., *Long-Distance range expansion and rapid adjustement of migration in a newly established population of barn swallows breeding in Argentina,* Current Biology 27 (2017) 1080

Kuckuck

M. L. Vega et al., *First-Time Migration in Juvenile Common Cuckoos Documented by Satellite Tracking*, PLOS Oe 11 (2016) e0168940

Pfuhlschnepfe

Ph. F. Battley et al., *Contrasting extreme long-distance migration patterns in bar-tailed Godwits*, Journal of Avian Biology 43 (2012) 21

Steinschmätzer

F. Bairlein et al., *Cross-hemisphere migration of a 25 g songbird*, Biol. Lett. 8 (2012) 505

7

Die Verständigung der Vögel

Fish swim, birds sing, people talk.
Fische schwimmen, Vögel singen, Menschen reden.

Norbert Hornstein
Routledge Encyclopedia of Philosophy

Vögel singen – das war sicher eine der ersten Feststellungen, die die Menschen über ihre gefiederten Mitbewohner gemacht haben. Weitere Beobachtungen zeigten, dass sie auch plötzliche Rufe ausstoßen können, um Gefahr zu signalisieren, zusätzlich zu ihrem Gesang, mit dem sie Partner anlocken wollen oder ihr Revier anzeigen. Sie verfügen also über ein Repertoire verschiedener Töne oder Stimmlaute, für verschiedene Zwecke. Ist das eine Sprache?

Das Thema von Tiersprachen ist vielfach untersucht worden. Mein Hund versteht etliche Worte – Platz, komm, Legen, und mehr – und er verfügt über verschiedene Laute, um mir etwas mitzuteilen – öffne die Tür, bring mir Fressen, und mehr. Diese Ausdrücke hat er beim Aufwachsen gelernt, sie sind nicht ererbt. Es gibt somit Sprachaspekte, die Mensch und Tier gemeinsam haben. Andrerseits enthält die menschliche Sprache abstrakte Züge, die weit über tierische Verständigung hinausgehen: *mein Bruder wohnt in Amerika, nächstes Jahr will er uns besuchen, usw.* Soweit wir wissen, haben Tiere solche Gedanken nicht.

Nichtsdestoweniger geben einige Vogelarten Töne ab, die leicht abstrakte Züge tragen. Viele, wenn nicht alle, können spezielle Signale ausstoßen: *es gibt unmittelbare Gefahr, folgt mir,* und ähnliche Informationsübermittlungen. In einem Schwarm fliegende Kraniche rufen sich, um zusammenzubleiben; Krähen warnen einander vor einem kommenden Habicht, und so fort; das sind meist einfache, kurze Rufe. Im Gegensatz dazu gibt es Spezies, die verschiedene *Melodien* singen und deshalb auch als Singvögel bezeichnet werden. Diese Melodien bestehen aus einer Anzahl verschiedener Noten und wurden entweder von älteren Vögeln übernommen oder selbst „komponiert". Sie werden gesungen, um ein Revier zu definieren – „dies hier ist mein Gebiet", oder um Weibchen anzulocken – „ich bin ein starkes Männchen". Es gibt einige Arten, vor allem in Südamerika, bei denen die Lieder vererbt werden; die Ornithologen sprechen von *Suboszines* oder Schreivögeln; in den meisten anderen (den *Oszines* oder Singvögeln) lernt der Jungvogel sie von älteren. Hier kann ein isolierter Jungvogel nie kohärent singen lernen, er stammelt sein ganzes Leben wie ein Baby. Und wenn der Jungvogel das Singen von älteren lernt, können dabei Fehler entstehen, die dann wieder weitergegeben werden: es entstehen Dialekte. Neben dem Singen geben Vögel Laute von sich, um mit ihren Schwarmmitgliedern in Kontakt zu bleiben, wie in den erwähnten Kranichschwärmen, oder solchen von Gänsen. Und die Baby-Vögel „betteln" um Nahrung.

Der Informationsinhalt von Vogelliedern über die erwähnten allgemeinen Aspekte hinaus ist noch unbekannt –

das Entschlüsseln der speziellen Bedeutung dieser Lieder bleibt eine Herausforderung an die Ornithologie. Das gilt umso mehr, weil z. B. die Drossel in meinem Garten eine Vielzahl verschiedener Melodien singt, eine nach der anderen. Was will sie damit sagen? Warum benutzt sie verschiedene Melodien? Sie lernte die Melodien als Jungvogel durch Zuhören von den älteren, aber sie änderte sie teilweise auch ab oder fügte eigenes hinzu. Wie schon erwähnt, führt das zu Vogel-Dialekten; das Lied einer Drossel hier unterscheidet sich von dem einer entfernten anderen. Können sie sich trotzdem verstehen?

Uns ist somit klar, dass Vögel verschiedene Formen der Verständigung haben, aber wie wissen nicht, was sie sagen. Moderne Aufnahmemethoden und Tonanalysen stehen also vor herausfordernden Problemen.

Die Untersuchung von Wal-Liedern liefert vielleicht erste Hinweise. Man weiß seit einiger Zeit, dass Wale sich miteinander verständigen, indem sie unter Wasser Töne ausstoßen. Diese Tonfolgen wurden analysiert und es wurde festgestellt, dass sie aus verschiedenen Frequenzfolgen bestehen – in anderen Worten, die Wale „singen" oder „sprechen". Wie unterscheidet sich ihre „Sprache" von der der Menschen?

Das Zipf'sche Gesetz

Um die Mitte des vergangenen Jahrhunderts hatte der Sprachforscher George Kingsley Zipf von der Harvard Universität die Wörter in Texten der englischen Sprachen nach ihrer Häufigkeit angeordnet. Er bezeichnete mit $f(r = 1)$ die Anzahl des am häufigsten auftretenden Wortes, mit $f(r = 2)$ die des zweithäufigsten, und so fort. Die Folge begann mit den Wörtern *„the, of, and, to, in, a, that,…"*. Zipf bemerkte dann, dass das häufigste Wort, „*the*", doppelt so oft erschien wie das zweithäufigste, „*of*", dreimal so oft wie das für $r = 3$, und so fort. Die allgemeine Form

$$F(r) = const. / r$$

wird als das Zipf'sche Gesetz bezeichnet. Es besagt, dass die Häufigkeit eines Wortes von Rang r umgekehrt proportional zu r ist. Die Proportionalitätskonstante wird bestimmt durch die Gesamtzahl der Wörter in dem untersuchten Text. In der Folge konnte man zeigen, dass dies Gesetz nicht nur für die meisten englischsprachigen Texte hielt, sondern ebenso auch für alle Texte in praktisch allen anderen Sprachen, siehe Abb. 7.1, wo das Gesetz in logarith-

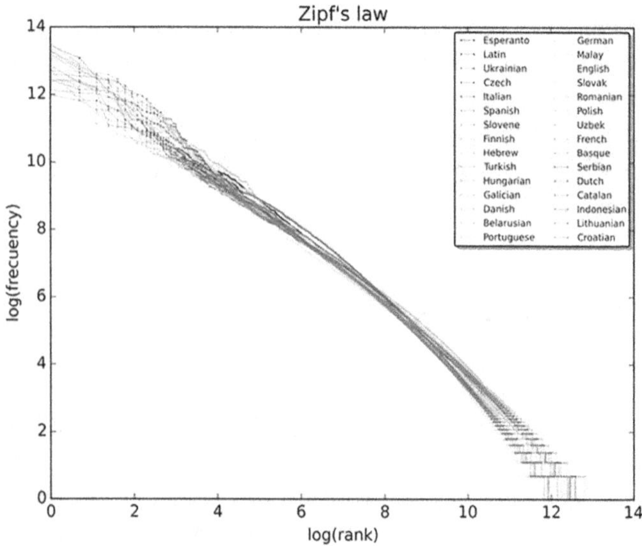

Abb. 7.1 Wort-Häufigkeiten in verschiedenen Sprachen. (Nach Sergio Jimenez)

mischer Form dargestellt ist, *log f(r)=const.- log r.* Das Gesetz gilt selbst für antike, noch nicht entzifferte Sprachen – die Bedeutung der Wörter ist noch nicht bekannt, aber ihre Häufigkeit befolgt das Zipf'sche Gesetz. Das Gesetz hilft also nicht, den Sinn des Textes zu verstehen.

In einer neueren Analyse hat man die Wal-Lieder in diesem Zusammenhang untersucht und festgestellt, dass sie aus verschiedenen Frequenz-Paketen bestehen, deren Häufigkeiten auch das Zipf'sche Gesetz befolgen. Der Grund für diese Gemeinsamkeit in Wort-Häufungen von sowohl der menschlichen Kommunikation wie auch der der Wale ist bis heute völlig unbekannt.

Literatur

I. Arnon et al., *Whale song exhibits language-like statistical structure*, Science 387 (2025) 649

J. Hyman and B. Ballentine, *Bird talk: an exploration of avian communication*, Cornell University Press, 2021

Sergio Jimenez, *Word frequencies in different languages* (Creative Commons Attribution-Share Alike 4.0 international)

8

Der Flug der Kraniche

Sieh' da, sieh' da, Timotheus , die Kraniche des Ibykus!

Friedrich Schiller, Die Kraniche des Ibykus *(1797)*

Kraniche gehören wohl mit zu den größten fliegenden Vögeln in der Welt; mit den langen Beinen und dem langen Hals erreicht die europäische oder eurasische Graukranich Spezies (*Grus grus*) eine Größe von mehr als einem Meter (Abb. 8.1). Es gibt 15 verschiedene Arten, auf allen Kontinenten außer der Antarktis und Südamerika. Der nordamerikanische Schreikranich (*Grus americana*) war schon fast ausgerottet, mit nur einigen zehn verbleibenden Tieren. Bis heute haben Schutzbemühungen zu einem deutlichen Anstieg geführt, mit etwa 500 freilebenden Vögeln. Wir wollen aber mit dem europäischen Kranich beginnen.

H. Satz, *Die Wege der Vögel,*
https://doi.org/10.1007/978-3-662-72843-7_8

Abb. 8.1   Der Graukranich

Der Graukranich

Nur wenige Vögel haben unsere Kultur so stark beeinflusst wie der Kranich. Schon 4000 v. Ch. führte er zu einer ägyptischen Hieroglyphe und galt als der Vogel der Sonne. Er wurde ein fester Bestandteil der griechischen Mythologie; dort war er der Vogel des Sonnengottes Apollon. Das oben angeführte Zitat bezieht sich auf den Sänger Ibykus im antiken Griechenland, der auf dem Weg zu einer Festveranstaltung ermordet wurde. Als keine Hilfe in Sicht war, bat er einen vorüberfliegenden Zug Kraniche, ihn zu rächen. Seine beiden Mörder nahmen an dem Fest teil und sahen zufällig einen vorbeifliegenden Zug Kraniche, und einer wies seinen Begleiter darauf hin. Das Publikum hörte den Namen Ibykus, ergriff die beiden und verurteilte sie für den Mord.

Auch im fernen Osten war der Kranich wohlbekannt; in China und Japan galt er als Symbol für Weisheit und langes Leben. Es hieß, dass die Seelen der Verstorbenen auf den Rücken von Kranichen in den Himmel gebracht wurden.

Kraniche haben ein vielseitiges Nahrungsangebot; sie fressen kleine Tiere sowie Beeren und Früchte. Sie bauen ihre Nester in flachem Wasser und legen ein bis zwei Eier. Beide Eltern nehmen an der Aufzucht der Jungen teil.

Es war schon lange bekannt, dass die europäischen Kraniche im Herbst nach Süden ziehen; sie leben im Sommer in Nordeuropa und im Winter dann in südlicheren Gefilden. Die Kraniche aus Norwegen und Schweden ziehen gen Süden über Deutschland und Frankreich zu ihren Winterquartieren in Süd-Spanien (Abb. 8.2)

Auf dem Weg dahin haben sie gewisse ausgewählte Gebiete für längere Pausen, zum Ausruhen und zur Nahrungsaufnahme. Ihre Zugrouten sind seit Langem wohlbekannt, auch schon vor der Einführung elektronischer Geräte zur

Abb. 8.2 Ziehende Kraniche. (Foto Annette Meyer)

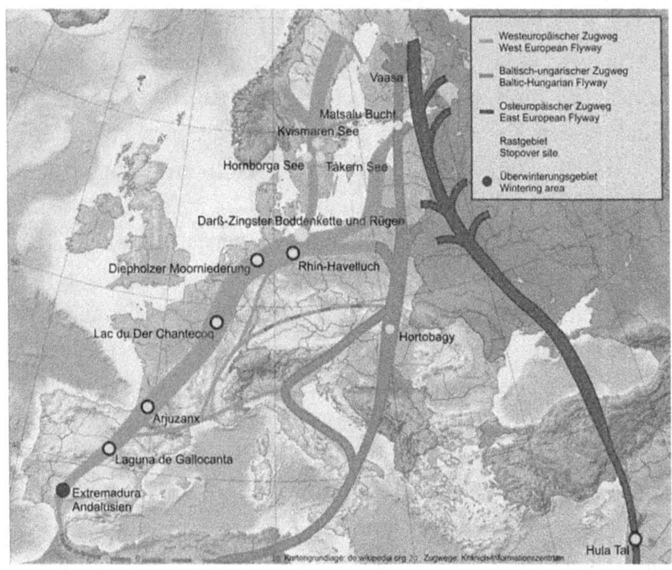

Abb. 8.3 Zugrouten des europäischen Kranichs. (NABU Crane Center)

Ortsbestimmung, da die Flugformationen und die einander rufende Vögel leicht zu identifizieren sind. Eine zweite Route führt aus Nord-Finnland und West-Russland über die baltischen Staaten, Ungarn, Italien und den Balkan nach Nordafrika. In beiden Fällen (Abb. 8.3) haben die Vögel ein Nord-Süd-Gefühl, durch die Sonne oder durch magnetische Information; ansonsten verlassen sie sich weitgehend auf Landmarken, sodass ihre Routen ganz ähnlich sind denen, die eine menschlicher Reisender in einem Flugzeug benutzen würde.

Der Sommerbereich und die Nistgebiete der Vögel liegen in feuchten Wald- und Moorbereichen, und im Winter versuchen sie, in Südeuropa oder Nordafrika ähnliche Gebiete zu finden. Die neuere globale Erwärmung hat viele Vögel dazu gebracht, in Spanien oder Portugal zu bleiben; ähnliches hat man für die europäischen Störche beobachtet.

Der Jungfernkranich

Neben dem eurasischen Graukranich gibt es in Asien zahlreiche Vorkommen des Jungfernkranichs (*Grus virgo*), einer kleineren und leichteren Spezies. Die Vögel leben hauptsächlich in den trockenen Steppengebieten von Osteuropa und Sibirien; ihr Lebensraum überdeckt sich somit nur wenig mit dem des Graukranichs. Die Jungfernkraniche ziehen im Winter auch nach Süden, die europäischen in den Sudan, die sibirischen nach Indien und Pakistan. Für die Vögel aus dem mittleren Sibirien (z. B. aus der Mongolei) bedeutet das, die wohl abweisendsten Regionen der Erde zu überqueren, die Wüste Gobi und das Himalaya-Gebirge (Abb. 8.4). Sie und die Streifengänse, sowie einige weitere Spezies, halten einen Rekord: sie überfliegen die höchsten Berge der Erde zweimal im Jahr. Das beweist ihre Navigationstüchtigkeit selbst unter den extremsten Bedingungen.

Abb. 8.4 Jungfernkraniche beim Überqueren des Himalaya. (Matsuda 1999)

Die Überquerung des Himalaya wird normalerweise an einem Tage durchgeführt; d. h., dass die Jungfernkraniche (und auch die erwähnten Streifengänse) einen Höhenunterschied von 6000 und mehr Metern in 24 h erleiden müssen, ohne Eingewöhnungspausen. Für Menschen wäre das ohne Hilfsmittel völlig unmöglich. Für die Vögel wird es möglich wegen einer anderen Lungenstruktur. Dass Vögel eine effizientere Atmung benötigen als Säugetiere wird schon ersichtlich aus der Tatsache, dass sie viele Stunden lang ununterbrochen fliegen können – eine Tätigkeit, die viel Energie erfordert. Diese Energie kommt aus der Sauerstoff-Einnahme, und so müssen Vögel ein besseres System dafür haben als Säugetiere. Wir wollen deshalb die Atmungssysteme der beiden Fälle vergleichen.

Die Atmung von Säugetieren und Vögeln

An unseren Küsten sehen wir Möwen in scheinbar endlosem Flug. Wir können uns nicht vorstellen, dass Säugetiere etwas Ähnliches machen können. Wenn wir einen Spatzen auf 6000 m Höhe bringen, kann er noch fliegen. Wenn wir eine Maus dorthin bringen, fällt sie in ein Koma. Die Atmung von Vögeln muss also irgendwie effizienter sein als die von Säugetieren. Mit einigem Stolz wurde berichtet, dass bis jetzt Hunderte von Bergsteigern den Mt. Everest ohne Sauerstoffhilfe bestiegen haben, mit längeren Eingewöhnungszeiten. Zehn Tausende Vögel fliegen problemlos über dieses Gebirge jedes Jahr innerhalb von 24 h. Sie müssen etwas haben, über das wir nicht verfügen.

Wenn wir atmen, erfahren unsere Lungen zwei Strömungszyklen. Beim Einatmen, durch Zusammenziehen des Zwerchfells, strömt frische Luft durch die Luft-

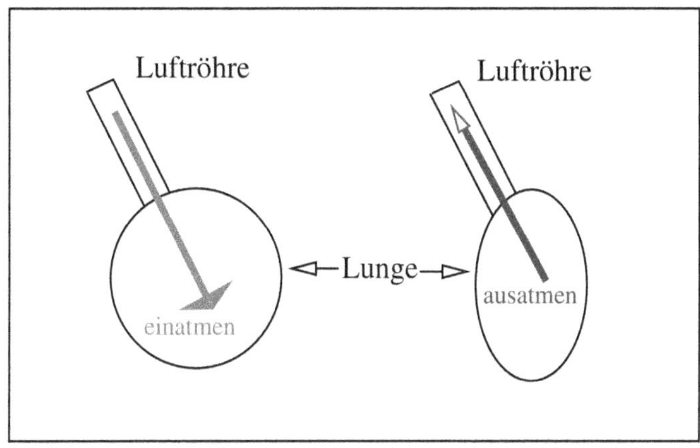

Abb.   8.5   Atmungsvorgang   bei   Säugetieren: Sauerstoff-Aufnahme (rot), Kohlendioxid-Abgabe (blau)

röhre in die Lunge, die den Sauerstoff absorbiert und dadurch Energie und Kohlendioxid erzeugt. Danach atmen wir aus, entspannen das Zwerchfell und stoßen das Kohlendioxid aus. Die Lungen sind flexibel; sie ziehen sich zusammen und dehnen sich aus bei diesen zwei Zyklen. Energie wird nur beim Einatmen erzeugt, und zwischen den beiden Zyklen findet in Lunge keine Strömung statt (Abb. 8.5)

Vögel haben eine mehr oder weniger steife Lunge, die durch die Luftröhre mit dem vorderen und dem hinteren Luftsack verbunden ist. Wenn der Vogel einatmet, wird frische Luft in den hinteren Luftsack eingeführt. Wenn er ausatmet, wird diese Luft in die Lunge gebracht, wo der Sauerstoff absorbiert wird, um Energie zu erzeugen. Der nächste Einatmungsschritt bringt das Kohlendioxid in den vorderen Luftsack und gleichzeitig neue Luft in den hinteren. Der letzte Schritt stößt das Kohlendioxid aus und macht Platz für die nächste Ladung. Die Luftsäcke dienen somit als Blasebälge, sie bringen die frische Luft in die Lunge und die verbrauchte hinaus (Abb. 8.6)

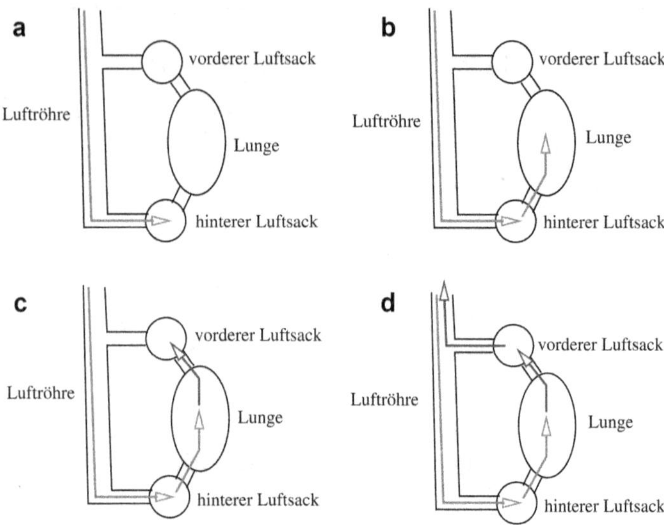

Abb. 8.6 Atmungssystem der Vögel: **(a)** einatmen, **(b)** ausatmen, **(c)** einatmen, **(d)** ausatmen

Ein vorgegebenes Molekül durchläuft somit zwei Atemzyklen, zwischen dem Eintritt in den Vogel und dem Austritt aus dem Vogel. Daraus folgt, dass immer frische Luft durch die energieerzeugende Lunge fließt, und das allein macht das Atemsystem der Vögel wesentlich effektiver als das der Säugetiere. In hohen Höhenlagen ist aber der Sauerstoffgehalt der Luft ein Drittel oder weniger dessen auf Seehöhe. Hochfliegende Vögel müssen deshalb noch weitere Vorteile haben, und das ist tatsächlich der Fall. Ihre Lungen sind im Allgemeinen größer, ihre Herzmuskeln stärker, und sie atmen schneller. Zudem ist das Hämoglobin, das den Sauerstoff in ihr System bringt und das Kohlendioxid heraus, einfach effizienter.

Insgesamt kann man also sagen, dass das Atmungssystem der Vögel, im Vergleich zu dem der Säugetiere, in der Tat Verbesserungen aufzeigt, die Flüge in großer Höhe ermöglichen.

Hier wollen wir auch noch kurz erwähnen, dass Säugetiere und Vögel über unterschiedliche Systeme zu Stimmerzeugung verfügen. Bei Säugetieren dient dazu der *Kehlkopf*, der sich am Eingang der Luftröhre in die Lunge befindet (Abb. 8.5). Er enthält Stimmbänder, deren Vibrationen Töne erzeugen. Im Gegensatz dazu haben Vögel einen *Stimmkopf*, der an dem Punkt sitzt, wo sich die Luftröhre in die zwei Lungenöffnungen aufspaltet, und er gibt Töne ab durch Vibrationen der Stimmkopfmuskeln. Das kann unabhängig von einander in jedem der beiden Arme geschehen, und deshalb können Vögel gleichzeitig zwei verschiedene Töne abgeben. Sie sind also auch für Gesang besser ausgestattet …

Literatur

Paul A. Johnsgard, *Cranes of the world*, Indiana University Press 1983

John N. Maina, *The biology of the avian respiratory system*, Springer 2017

Y. Matsuda, *Cranes cross the Himalaya*, The Himalayan Journal 55 (1999)

Bernhard Weßling, *Der Ruf der Kraniche, Goldmann Verlaag* 2023

9

Der Marsch der Pinguine

Take it all in all, I do not believe that anyone on Earth has a worse time than an emperor penguin.

Ich glaube nicht, dass insgesamt betrachtet, irgendwer auf Erden ein härteres Dasein hat als ein Kaiserpinguin.

Apsley Cherry-Garrard (Antarktis-Erforscher)
The Worst Journey in the World, *Carroll & Graf, 1932*

Die Vorstellung von einer Navigation der Vögel ist ganz natürlich verknüpft mit fliegenden Vögeln auf der Suche nach ihrem Wege. Es gibt jedoch eine bemerkenswerte Ausnahme: Pinguine, flugunfähige Vögel, machen in der Antarktis lange Märsche durch eine verlassene, kalte, stürmische Welt, mehrmals im Jahr. Sie führen damit das vielleicht ungewöhnlichste Leben irgendeiner Tierart, und die Navigation der Vögel gewinnt dadurch eine allgemeinere Bedeutung. Die eindrucksvollste Spezies dieser wandern-

© Der/die Autor(en), exklusiv lizenziert an Springer-Verlag GmbH, DE, **103**
ein Teil von Springer Nature 2026
H. Satz, *Die Wege der Vögel,*
https://doi.org/10.1007/978-3-662-72843-7_9

Abb. 9.1 Kaiserpinguine

den Arten ist der Kaiserpinguin (*Aptenodytes forsteri*), und wir wollen hier sein Leben näher betrachten. Kaiserpinguine sind stattliche Vögel, stehend einen Meter oder mehr groß (Abb. 9.1). Sie können gehen, fast wie Menschen, auf ihrem Bauch rutschen, und sie sind natürlich außerordentlich geschickte Schwimmer. Sie leben in der Antarktis, in dem ganzen Kontinent, an der Küste und, wie wir gleich sehen werden, auch im Inland.

Der Verlauf des Pinguin-Jahres

Wir beginnen das typische Pinguin-Jahr mit dem April, dem Herbst des Südens. Die Vögel haben seit einigen Monaten an der Küste gelebt und dort gefressen, was sich so bietet, Fische, Krebse und Schalentiere. Mit fortschreitendem Herbst beginnt die Paarungszeit, und die Vögel versammeln sich in großen Gruppen von Männchen wie auch Weibchen. Sie beginnen nun den langen Marsch landeinwärts, in ein fernes inländisches Eisgebiet, in dem sie geboren wurden, etwa 100 km von der Küste. Sie ziehen dahin, weil das Inland-Eis fester ist und im kommenden Sommer die Küken nicht einbrechen sollen.

Obwohl sie schon etliche Male in dem Inland-Eis-Gebiet waren, weiß man nicht wirklich, wie sie ihren Weg dahin bestimmen – vielleicht durch Hinweise von der Sonne, den Sternen oder dem Magnetfeld. Es gibt natürlich auch Landmarken, aber die verschieben sich mit dem sich verschiebenden Eis. Wenn die Vögel angekommen sind, beginnt die Auswahl der Partner, und wenn die Partner einander gefunden haben, findet eine ausgedehnte Werbung statt (Abb. 9.2), und die beiden bleiben mindestens das ganze folgende Jahr zusammen.

Nach der Paarung, im Mai oder frühen Juni, legt das Weibchen ein Ei. Der Inlandmarsch und die Ei-Produktion haben die werdende Mutter total erschöpft, und die junge Familie löst nun dieses Problem auf eine recht ungewöhnliche Weise.

Abb. 9.2 Werbungsritual der Kaiserpinguine

Gleich nach der Eiablage überträgt die Mutter das Ei dem Vater, der einen speziellen Brutbeutel zwischen seinen Beinen hat, um das Ei aufzunehmen und warm zu halten. Die Übergabe muss sehr schnell gehen, denn mehr als eine Minute auf dem Eis würde das werdende Küken im Ei töten.

Das Überleben von Vater und Kind

Nachdem sie sich von der erfolgreichen Übergabe überzeugt hat, bricht die Mutter sofort hungrig in Richtung Meer auf – auf dem Weg, auf dem sie gekommen war, oder auf einem ähnlichen. Auf dem Inland-Eis verbleibt nun eine große Gruppe (Hunderte, wenn nicht Tausende) von Pinguin-Vätern, von denen jeder ein Ei zwischen seinen Beinen schützt und ausbrütet. Sie bleiben dort, ohne jede Nahrung, über zwei Monate, bis die Küken ausgebrütet sind. Die Väter haben dann fast ihr halbes Körpergewicht verloren und sind beinahe verhungert – einige sind das tatsächlich. Die Väter erwarten die Rückkehr der Weibchen. Die Zeit, die die zukünftigen Väter auf der einsamen Inland-Eis-Fläche verbringen, zeigt vielleicht das schlimmste Klima der Erde: Temperaturen von minus 40 Grad und niedriger, Schneestürme von 200 km/h und stärker, und praktisch die ganze Zeit völlige Dunkelheit, die antarktische Polarnacht. Die einzige Überlebenschance für die armen Tiere besteht darin, sich so dicht wie möglich aneinander zu drängen, wobei die inneren und äußeren Posten sich periodisch abwechseln, um die gemeinsame Wärme möglichst gleich zu verteilen (Abb. 9.3).

Im frühen August findet dann die Ankunft der Küken statt – sie werden ausgebrütet und beschützt durch die Brutbeutel ihrer Väter. Der Vater kann eine als Brutmilch bezeichnete Flüssigkeit absondern, die dem Küken eine vorläufige Nahrung liefert, währen es auf das Eintreffen der

Abb. 9.3 Pinguine im Schneesturm

Mutter wartet. Wenn sie nicht rechtzeitig eintrifft, wird das Küken sterben. Endlich jedoch kommen die Mütter, mit vollen Mägen. Sie können ihren jeweiligen Partner in der riesigen Menge durch Signale identifizieren, und wenn die beiden einander gefunden haben, sieht die Mutter ihr Kind zum ersten Mal, und sie übernimmt gleich die Regie. Das Küken wird von dem Brutbeutel des Vaters in den der Mutter übertragen (Abb. 9.4). Sie beginnt sofort, etwas von der in ihrem Magen gespeicherten Nahrung auszustoßen, und so erhält das Küken jetzt seine erste wirkliche Mahlzeit. Die ausgehungerten Väter brechen sofort auf zum Meer und der dort (hoffentlich) vorhandenen reichlichen Nahrung.

Abb. 9.4   Kaiserpinguin mit Küken

Im Laufe der Zeit setzt der südliche Sommer ein und die Küken wachsen weiter. Mutter und Vater machen jetzt abwechselnd den weiten Weg zum offenen Meer um Nahrung für ihren Nachkömmling zu herbeizuschaffen. Sie machen somit den langen Marsch viele Male (Abb. 9.5). Ein bis zwei Monate nach dem Schlüpfen bilden die Küken ihre eigenen Gruppen, die sogenannten *crèches*, die aus vielen Tieren bestehen, die sich gegenseitig wärmen. Um den November mausern sich die Vögel und erhalten jetzt ihr jugendliches Federkleid; sie werden nun nicht mehr von den Eltern gefüttert. Alle Vögel ziehen jetzt zur Küste und verbringen den südlichen Sommer dort; sie fressen was das Meer zu bieten hat.

Viele menschliche Entdecker hatten versucht, die unbekannte Einöde der Antarktis zu entschlüsseln. Die meisten gingen in Eis und Schneestürmen verloren, bis Roald

Abb. 9.5   Der Marsch der Pinguine

Amundsen schließlich den Südpol erreichte. Sein „Konkurrent" Robert Scott starb im Eis. Die menschlichen Unterfangen wurden von großen Forschergruppen durchgeführt, mit umfangreicher Ausrüstung. Zur gleichen Zeit machten die Pinguine viele Märsche über Hunderte von Kilometern, im Sommer und im Winter, durch Eis, Schnee und Stürme, und sie fanden ihre Partner und Küken. Wir wissen nicht, welche Navigationsmittel sie benutzten. Aber die funktionierten …

Bedrohtes Überleben

Andrerseits jedoch haben sich Klimawechsel – die durchaus von Menschen hervorgerufen sein können – als eine ernste Bedrohung für das Überleben der Spezies erwiesen. Paarung, Brut und das frühe Leben der Küken, das alles findet statt auf mit dem Boden verbundenen Eisebenen, hunderte von Kilometern landeinwärts vom Meer. Dieses Eis bricht normalerweise im südlichen Sommer auf, im Dezember oder Januar. Da die Vögel, einschließlich Küken, dieses Gebiet vorher verlassen und zum Meer ziehen, bedeutet der Aufbruch keine Gefahr. Die globale Erwärmung hat aber zu einem früheren Aufbruch geführt. Im Jahre 2016 fand der bereits im Oktober statt, was zum Tode von 10.000 Kaiserpinguinen führte, in der Halley Bay Area an der Wedell See. Die dortige Kolonie war die zweitgrößte der Welt, und der Verlust wiederholte sich 2017 und 2018, was die Kolonie praktisch auslöschte. Wenn sich die globale Erwärmung fortsetzt, werden die Kaiserpinguine möglicherweise das Schicksal der Eisbären teilen.

Literatur

G. L. Kooyman and J. Mastro, *Journeys with the Emperors*, U. Chicago Press (2023)

T. D. Williams, *The Penguins*, Oxford University Press (1995)

10

Das Leben im Fluge

Oh Wunder, fliegt er noch?
Er steigt empor und seine Flügel ruhn!
Was hebt und trägt ihn doch?
Was ist ihm Ziel und Zug und Zügel nun?

Friedrich Nietzsche, Vogel Albatros (1882)

Zum Schluss wollen wir uns dem vielleicht beachtlichsten aller Vögel widmen, dem Albatros. Die größten Spezies dieser Art gehören zu den größten Vögeln der Erde, mit Flügelbreiten von 3,5 m und mehr. Die meiste Masse der Erde liegt in der Nordhalbkugel, die meiste offene See in der Südhalbkugel, zwischen der Antarktis, Afrika, Australien und Südamerika. Diese endlosen Meere sind die Heimat des Albatros – dazu kommen noch die Weiten des Pazifik, von der Antarktis bis Alaska – in Kap. 2 hatten wir bereits gesehen, dass die Laysan Spezies dieses Vogels dort lebt. Von den drei Elementen dieser Welt – Luft, Wasser, und Land – bildet das Land den kleinsten Teil, und die Vögel

© Der/die Autor(en), exklusiv lizenziert an Springer-Verlag GmbH, DE, **113**
ein Teil von Springer Nature 2026
H. Satz, *Die Wege der Vögel,*
https://doi.org/10.1007/978-3-662-72843-7_10

Abb. 10.1   Der Albatros (Diomedea cauta)

leben entsprechend. Einen Großteil ihres Lebens sind sie in der Luft, sind sie im Fluge. Sie kommen ab und zu zur See hinunter, auf Nahrungssuche, und wenn sie auf das Land hinab kommen, dann nur um sich zu paaren und um die Jungen aufzuziehen. In der übrigen Zeit sind sie in der Luft (Abb. 10.1).

Die Vögel haben ihre Lebensweise dieser Lebensform so weitgehend angepasst, dass sie im Fluge fast keine Energie brauchen, weniger als beim Gehen oder Schwimmen. Sie können stundelang fliegen, ohne ihre Flügel zu bewegen, und sie können im Halbschlaf fliegen. Einige Albatros-Eltern fliegen mehr als 5000 km, um ihrem Küken ein einziges Mahl zu bringen, und die jungen Albatrosse, wenn sie einmal flügge sind, verbringen die nächsten fünf oder sechs Jahre in der Luft und im Meer, ohne je Land zu berühren. Die Meere, und die Luft darüber, das ist ihre Welt, und jedes Jahr fliegen sie weiter, über größere Entfernungen, als jedes andere Wesen auf Erden. Sie sind recht langlebig und können mehr als 50 Jahre alt werden. Sie bilden lebenslange

Paare und befruchten sich nur alle zwei Jahre. Sie wechseln sich beim Brüten ab; ein Partner bebrütet das Ei, der andere sucht nach Nahrung. Das kann lange dauern, und so können sie wochenlang ohne Nahrung auskommen. Das Ergebnis ist normalerweise ein Küken, das ein halbes Jahr oder länger im Nest bleibt, wo es für die Ernährung auf seine Eltern angewiesen ist. Es erreicht die Geschlechtsreife, wie schon erwähnt, erst nach sechs bis acht Jahren und verbringt die meiste Zeit im Fluge. Schließlich kehrt der ausgewachsene Vogel zurück auf die Felseninsel, wo er geboren wurde, und sucht sich einen Partner.

Für die meisten Vögel kann man ein Heimatgebiet angeben, oder – für die Zugvögel – ein Sommergebiet für Paarung und Aufzucht, und ein entsprechendes Wintergebiet. Für viele Albatros-Arten ist das schwierig. Wir hatten schon gesehen, dass Vögel wie die Küstenseeschwalbe im Laufe ihres Vogelzugs riesige Gebiete überfliegen. Aber ihre Wanderflüge bringen sie doch immer von einem Sommergebiet zur Brut in ein Wintergebiet zum Überleben, selbst wenn der Flug ein langer wird, in Raum und Zeit. Im Gegensatz dazu ist die größte Albatros-Spezies, der Wanderalbatros (*Diomedea exulans*), ein globaler Vogel, in einem polaren Bereich. Die Vögel haben ein bestimmtes Gebiet zur Paarung und Aufzucht der Jungen, aber davon abgesehen, ist ihre Heimat der Meeresbereich der südlichen Halbkugel, und sie können dort jahrelang unterwegs sein. Und doch ist ihr Nistbereich, zur Paarung und zum Brüten, meist eine ferne Felseninsel irgendwo an der antarktischen Küste oder im Pazifik. Hier treffen sich tausende von Albatros-Paaren, und nur hier bilden sie eine Kolonie – auf dem Meer sind die Vögel alleine. Das Brutgebiet ist meist nur ein paar Quadratkilometer groß, aber die Vögel finden es immer, auch wenn sie mehr als 20.000 km weit entfernt auf anderen Meeren sind. Ein Vogel kann etwa über den Falklandinseln kreisen, an der Küste von Argentinien, und wenige Wochen später wieder zurück sein, zur Paarung, auf einer kleinen Insel vor Neuseeland. Solche Navigationsfähigkeiten bleiben bis heute jenseits all unseres Verständnisses.

Das heißt nicht, dass wir es nicht versucht hätten. Wir hatten schon das Experiment erwähnt, in dem 17 Laysan-Albatrosse tausende von Kilometern weit von ihrem Nistgebiet auf dem Midway-Atoll gebracht wurden; innerhalb eines Monats waren sie alle wieder auf ihrer Insel. Ein anderer derartiger Versuch betraf die Spezies grauköpfiger Albatros (*Thalassarhe chrysostoma*), die im antarktischen Meer östlich des Südzipfels von Südamerika auftritt, in Süd-Georgien und nahliegenden Inseln. Von dort aus unternehmen sie ausgedehnte Flügel auf der Suche nach Fisch, und fliegen überhaupt umher. Um diese Flüge genauer zu bestimmen, hatte James P. Croxall und seine Forschergruppe vom British Antarctic Survey um das Jahr 2000 47 junge Vögel gefangen und sie mit Instrumenten ausgestattet, die jeden Tag durch Messungen ihre geografische Position angeben würden. Nachdem sie freigelassen waren, flogen die Tiere in Richtung von Feuerland und dem indischen Ozean, zwischen 30 und 69 Grad südlicher Breite. Sie flogen nach Osten, dem Westwind folgend. Zweimal pro Tag wurde ihre Position bestimmt, Monat um Monat, mit einer Meßgenauigkeit von etwa 150 km.

Nach 18 Monaten, also fast nach den erwarteten zwei Jahren, waren 35 Vögel wieder in ihrem Nistgebiet auf der Insel in Süd-Georgien, und den Wissenschaftlern gelang es, von 22 Vögeln die Instrumente zu übernehmen, sodass sie die registrierten Daten aufnehmen konnten. Einige Vögel waren im südlichen Atlantik geblieben, andere waren zu den Fischgebieten im indischen Ozean geflogen. Aber von den 22 Tieren waren 12 in Richtung Osten um die ganze Erde geflogen, und drei davon sogar zweimal. Der Schnellste machte die Erdumkreisung (mehr als 20.000 km) in 46

Tagen … Das gibt ihm eine mittlere Geschwindigkeit von etwa 20 km/h. Seine tatsächliche Fluggeschwindigkeit ist wesentlich höher (50–100 km/h), sodass er sicher nicht direkt flog und auch nicht in Eile. Die Albatrosse umrundeten die Erde ganz gemächlich.

Wesen von Wind und Meer

Es ist klar, dass der Albatros außergewöhnliche Navigationsfähigkeiten haben muss, auch wenn wir diese nicht kennen. Aber er muss zudem auch außergewöhnliche Flugfähigkeiten haben, um monatelang in der Luft zu bleiben ohne wesentliche Energieverluste. Schätzungen ergeben, dass er bis zu 1000 km ohne Flügelschlag fliegen kann. Er muss also eine Flugweise haben, die sich deutlich unterscheidet von der normaler Vögel, die nach sehr viel kürzeren Flügen schon erschöpft sind. Wir kennen heute zwei Aspekte, die das mühelose Fliegen der Albatrosse möglich machen.

Ihre Flugweise wird als dynamischer Segelflug bezeichnet. Die Windgeschwindigkeit über dem Ozean ist nicht konstant. Wegen der Reibung von Luft und Wasser ist sie im Allgemeinen recht niedrig an der Wasseroberfläche und steigt dann an mit zunehmender Höhe. Die Vögel benutzen das und fliegen in einer oszillierenden Weise, die unten an einem Wellenkamm anfängt. Sie drehen dann in den Wind, was sie rasch nach oben treibt; die zunehmende Windgeschwindigkeit liefert den Auftrieb, bis sie 10 oder 20 m über dem Meer sind. Der Aufstieg kostet sie nichts, der Wind macht die Arbeit: seine Geschwindigkeit ist oberhalb der Flügel größer als unterhalb, weshalb der Druck von unten größer ist als von oben, und das gibt den Auftrieb. Der Effekt wird in der Physik als Bernoullis Prinzip bezeichnet, und ist auch der Grund für den Höhengewinn von Flugzeugen. Durch die Luftreibung wird die Aufstiegs-

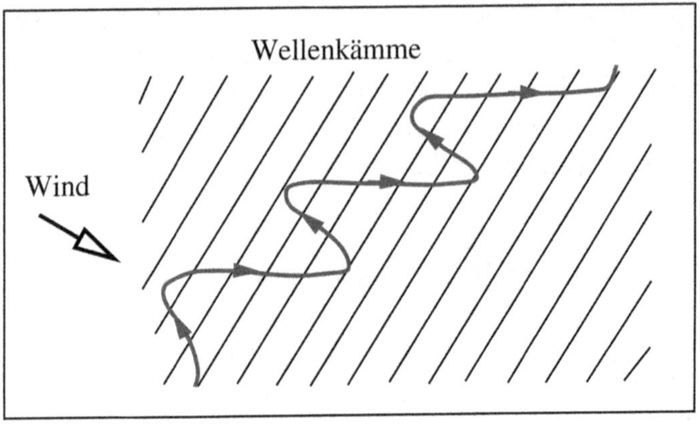

Abb. 10.2   Dynamischer Gleitflug, von oben gesehen

geschwindigkeit immer langsamer und hört schließlich ganz auf, und von diesem Höhepunkt der Flugkurve gleiten sie dann „bergab" dank der Schwerkraft, also wieder ohne Energieverbrauch. Der Gleitflug nach unten endet über einem weiteren Wellenkamm, und der Vorgang wird wiederholt, was zu einer charakteristischen Flugschleife führt (Abb. 10.2). Sowohl Aufstieg als auch Abstieg sind „kostenlos", nur die Wendung erfordert eine geringe Anstrengung.

Wir hatten gesehen, dass Störche und Raubvögel thermische Aufwinde benutzen, um aufzusteigen – aber diese Aufwinde sind lokal und somit nur begrenzt verwendbar. Der Seewind jedoch ist praktisch immer vorhanden, dort wo der Albatros lebt, und wenn er die Richtung ändert, machen die Vögel das auch – sie passen ihre Flugrichtung dem Seewind an und leben dort, wo es geeigneten Wind gibt. Wenn der Wind nicht richtig ist, bleiben sie im Meer.

Der zweite Aspekt für ihre Flugtechnik ist die Möglichkeit, die Gelenke zu fixieren, die sogenannte Schulterspannung. Die meisten Tiere benötigen Muskelkraft, um ein Körperglied waagerecht zu halten. Wenn man seine Arme waagerecht ausstreckt, wird man sie wegen Ermüdung früher oder später wieder fallen lassen – die Muskeln, mit denen man sie gerade hält, ermüden einfach. Um das zu verhindern, haben Albatrosse (und einige andere Seevögel) Schultergelenke, die „einschnappen" können: sie gelangen in eine feste Position, in der kein weiterer Muskelaufwand nötig ist, um sie so zu halten. Körper und ausgestreckte Flügel bilden jetzt eine feste Einheit, sodass sie jetzt segeln und gleiten können ohne irgendeinen Energieaufwand. In Nietzsches Worten, „er steigt empor, doch seine Flügel ruh'n".

Wir sollten hier wohl noch einen weiteren Aspekt erwähnen, der es den Albatrossen gestattet, monatelang über der See zu fliegen: sie müssen ja schließlich auch trinken. Um das zu ermöglichen, verfügen sie über Drüsen, die Salz ausstoßen; dadurch können sie Salzwasser trinken und das so aufgenommene Salz wieder abgeben. Die Drüsen führen zu Röhren, die auf ihren Schnäbeln gelegen sind.

Das ungelöste Rätsel

Wir haben in vielen Punkten verstanden, dass Albatrosse ideal ausgestattet sind für ein Leben am Ende der Welt. Es bleibt aber die Frage, die wir schon eingangs gestellt hatten: wie findet ein Vogel, der am Südkap von Südamerika fliegt, den Heimatfelsen an der Küste von Neuseeland? Worin besteht der geografische Unterschied zwischen den Felseninseln hier und da?

Einige geografische Richtungshinweise hatten wir notiert: Nord-Süd durch die Sonne oder den Polarstern, Ost-West im Idealfall durch überschneidende Magnetfeldeffekte, etwa Stärke vs. Inklination. Zusätzlich besteht ja die Möglichkeit von Landmarken oder Geruchshinweisen. Bei den für Albatrosse gegebenen Entfernungen scheint das Letztere allerdings unwahrscheinlich – in Argentinien kann man wohl Neuseeland kaum riechen. Was bleibt also?

In verschiedenen experimentellen Untersuchungen wurden einige Aspekte etwas näher beleuchtet. Ein bedeckter Himmel störte die Albatrosse nicht, aber sie zogen es deutlich vor, tagsüber zu fliegen – ihre nächtlichen Flüge waren um Größenordnungen kürzer als die tagsüber. Und sie mochten mondlose Nächte noch viel weniger. Ansonsten flogen sie oft nur umher, aber wenn es einen Grund gab (ein hungriges Küken zuhause), konnten sie auf dem direktesten Wege zurückfliegen. Wenn es notwendig war, dann schafften sie die Navigation.

Es bleibt also das Magnetfeld. Im Jahre 2005 verglichen F. Bonadonna und seine Mitarbeiter das Verhalten von neun Wanderalbatrossen, die Magnete an ihren Köpfen trugen, mit dem von elf weiteren ohne Magnete. Das Magnetfeld der entsprechenden Tiere konnte variiert werden, aber was auch immer die Experimentatoren machten, das Verhalten der Vögel mit Magneten unterschied sich nicht von dem der anderen – die Magneten beeinflussten ihre Träger in keiner Weise. Die Forschergruppe fasste das Ergebnis auf eine sehr ermunternde Weise zusammen: „Unsere Ergebnisse habe eine doppelte Bedeutung. Zunächst widersprechen sie der Vorstellung, dass magnetische Navigation die wesentliche Navigationsform von Albatrossen sei. Der zweite Aspekt ist sogar noch interessanter: wenn nicht durch das Magnetfeld, wie schaffen sie es dann? Welcher Sinn oder welche Fähigkeit gestattet es diesen Vögeln, tausende von Kilometern weit auf Nahrungssuche zu fliegen und trotzdem so genau nach Hause zu kommen?“ Ihre Ergebnisse bestätigten die kurz vorher von H. Mouritsen und Mitarbeitern für Albatrosse in einem kleineren Gebiet festgestellten, um die Galapagos Inseln im Pazifik. Wir müssen also feststellen: alle bisher betrachteten Möglichkeiten kommen für die Vögel nicht in Frage, jedenfalls nicht hauptsächlich.

Eine weitere, interessante Möglichkeit wurde erst kürzlich ins Spiel gebracht: die Schwerkraft. Wie in Kap. 3

erörtert, ist die Standardbeschleunigung der Schwerkraft, $g = 9{,}80665\ m/s^2$, ein Mittel über die Erdoberfläche, mit örtlichen Abweichungen von einem Prozent oder weniger. Im Einzelnen besagt die Schwerkraftgleichung $g = M/R^2$, wobei M die örtliche Masse des anziehenden Körpers ist und R der örtliche Wert des Radius. Die Erde ist eine abgeplattete Kugel, flacher an den Polen und ausgebuchtet am Äquator, was dort zu einer größeren Masse und auch zu einer größeren Zentrifugalkraft führt. Erde ist dichter als Wasser, sodass in der gleichen Höhe g über Land größer ist als über Wasser. Wenn man diese und weitere Effekte berücksichtigt, ergeben die örtlich gemessenen Werte von g eine variierende Karte der Erde (Abb. 3.6). Bevor wir das als eine Orientierungsmöglichkeit für Vögel betrachten, müssen wir feststellen, ob die Vögel derart geringe Schwerkraftänderungen überhaupt registrieren können, und das ist keine leichte Aufgabe.

Sie wurde aber angegangen in den bereits erwähnten Untersuchungen von N. Blazer und Mitarbeitern (Kap. 4). Die hatten Tauben heimfliegen lassen über einem Gebiet der Ukraine, das absolut eben war, aber unterirdische Anomalien aufwies, durch einen Meteoriteneinschlag; diese zeigten aber wesentlich schwächere Variationen als die der Erde. Sie hatten zwei Gruppen von Vögeln, beide mit GPS Geräten ausgestattet, und ließen sie an verschiedenen Orten frei. Die eine Gruppe konnte ungestört heimfliegen, die andere musste auf dem Heimflug die Anomalie überfliegen. Die erste Gruppe flog direkt nach Hause, ohne irgendwelche Probleme, wie erwartet. Die zweite Gruppe startete gleichfalls ihren Heimflug, wurde aber beim Überfliegen der Anomalie total verwirrt und verloren ihre Richtung. Es ist also klar, dass die Vögel die Anomalie registrierten; es ist aber nicht klar, welche Bedeutung diese für sie hatte, ob oder wie sie sie benutzen könnten.

Wenn man im Wald wandern würde, dem Kompass folgend, und dann einen Bereich magnetischer Anomalie überqueren sollte, wo der Kompass verschiedene, beliebige Richtungen anzeigt: was würde man machen? War die eine oder die andere Richtung korrekt? Das Beste wäre vielleicht, auf die Sonne zu schauen. Und vielleicht versuchten die verwirrten Tauben auch, nach Überquerung der Anomalie, nur einen neuen Kompass zu finden.

Es bleibt uns also das ungelöste Rätsel. Einige Bereiche der Meeresweiten, in denen die Albatrosse problemlos tausende von Kilometern fliegen, haben vielleicht eine inhärente magnetische Rasterstrukur, aber andere nicht; und trotzdem kommen die Vögel zurecht. Selbst ernsthafte Wissenschaftler können kaum der Versuchung widerstehen, nach weiteren, noch mysteriösen Orientierungsmöglichkeiten zu suchen. Wir stehen also weiter vor Nietzsches Frage: „Was ist ihm Ziel und Zug und Zügel nun?"

Literatur

S. Akesson et al., *Oceanic Long-Distance Navigation: Do Experienced Migrants use the Earth's Magnetic Field?*, The Journal of Navigation 54 (2001) 419

S. Akesson and H. Weimerskirch, *Albatross Long-Distance Navigation: Comparing Adults and Juveniles*, Journal of Navigation 58 (2003) 365a

F. Bonadonna et al., *Orientation in the wandering albatross: interfering with magnetic perception does not affect orientation performance*, Proc. R. Soc. B 272 (2005) 489

P. Jouventin and H. Weimerskirch, *Satellite tracking of Wandering Albatrosses*, Nature 343 (1990) 746

K. W. Kenyan and D. W. Rice, *Homing of the Laysan Albatrosses*, The Condor 60 (1958) 3

C. Safina, *Eye of the Albatross*, Holt and Co., New York 2002

11

Die Bestimmung der Geographie

Ich sehe was, was du nicht siehst.

Deutsches Kinderlied

Der deutsche Ornithologe Gustav Kramer war, wie bereits erwähnt, zu dem Schluss gekommen, dass für eine erfolgreiche Navigation sowohl Vögel wie auch Menschen eine Landkarte und einen Kompass brauchen. Wie kommt man zu einer Landkarte? In der menschlichen Welt führt das auf die Geografie.

Mit Geografie bezeichnen wir die Beschreibung, die Kenntnis oder die Detaillierung der Erde um uns, von örtlichen Regionen bis hin zur gesamten Erde. Frühzeitliche Menschen, „Jäger und Sammler", kannten wohl ihre örtliche Welt durch von Generation zu Generation weitergegebene Erfahrung, ähnlich wie das auch bei vielen Tieren der Fall ist – bei Wölfen, Bären, Hirschen, usw.: „unser Gebiet verläuft von den Hügeln bis zum Fluss". Es gab

Wanderperioden in ihren Leben, da im Sommer die Hügel, im Winter die Ebene von Vorteil waren, und sie kannte den Weg von hier nach dort. Der Begriff einer Landkarte trat jedoch erst auf, als die Menschen sich niederließen: wir leben hier, und die nächste Siedlung liegt, eine gewisse Entfernung weiter weg. Natürliche Gegebenheiten – die See, Flüsse, Gebirge – kamen jetzt ins Spiel. Im antiken Griechenland gab es so etwas wie eine Landkarte des östlichen Mittelmeerraums, aber nur in einem abstrakten Sinne: es war immer noch schwierig, sich zu orientieren, wenn man an einen unbekannten Ort versetzt wurde. Darum irrte Odysseus so viele Jahre zielsuchend im Mittelmeer umher, während Millionen von Vögeln die See problemlos überquerten, von einem bestimmten Ort in Europa zu einem bestimmten Ort in Afrika.

Aus der Sicht vieler Vogelarten ist das menschliche Bild der Erde recht beschränkt, was im Hinblick auf unser sesshaftes Wesen nicht so überraschend ist. Wir sehen Berge und Täler, Flüsse, die Sonne über uns, und wir können all das benutzen, um uns mit Hilfe dieser Gegebenheiten eine örtliche Landkarte zu erstellen. Andrerseits sind die Längen = und Breitengrade unseres allgemeineren Zugangs doch nur belanglose Zeichen, wie die Snark-Sucher in Kap. 3 betonen; wir können sie weder sehen noch fühlen. Unser bester Hinweis auf die Höhe der Breitengrade ist die Wärme am Äquator im Vergleich zum arktischen Eis. Für die Längengrade gibt es nichts Vergleichbares, und deshalb war ihre Bestimmung jahrhundertelang ein wesentliches Problem für die Schiffahrt.

Die Form der Geografie für eine bestimmte Art hängt somit ganz wesentlich ab von den Beobachtungsmöglichkeiten dieser Art: die Reichweite ihrer normalen Reisetätigkeit und die hauptsächliche Beobachtungsweise. Für Menschen, das ist die Sicht; Hunde würde einwenden, dass für sie Geruch sehr viel wichtiger sei. Die in Schilfrohrsänger waren in dem Experiment von Chernetsov et al. um Tausende von Kilometern versetzt worden, von einem flachen Kiefernwald in Kap. 6 erwähnten einen anderen solchen Wald, auf dem gleichen Breitengrad. Trotzdem wussten sie, dass da etwas nicht stimmte, und sie flogen zurück an den Ort, den sie ursprünglich im Sinne hatten. Wie bestimmen sie ihre Geografie?

Die Geografie der Menschen

In der vortechnologischen Zeit gab es drei menschliche Reisearten: zu Fuß, zu Pferd oder auf einem Schiff. Das bestimmte drei Reichweiten, drei Erreichbarkeitsregionen. Reisen zu Fuß führten selten zur Kenntnis von mehr als der örtlichen Umgebung, und daher kannten die frühzeitlichen sesshaften Menschen auch nur ihren unmittelbaren Bereich.

Reisen zu Pferd erweiterten das erreichbare Gebiet außerordentlich. Militärische und administrative Tätigkeiten verbanden riesige Regionen. Das Reich Alexanders des Großen erstreckte sich von Griechenland bis Indien, und die Eroberungen des Dschinghis Khan von Europa bis zur Japanischen See. Verwaltung, Besteuerung und mehr erforderten Geografiekenntnisse der entsprechenden Regionen. Diese waren aber zunächst beschränkt auf eine per Land erreichbare Welt.

Die Einführung von frühen Segel = und Ruderbooten (Galeeren) hob diese Einschränkung auf. Schon die antiken Griechen erforschten einen Großteil des Mittelmeers, bis hin nach Gibraltar – für sie, das Ende der Welt. Wikinger und Polynesier besegelten noch größere Gebiete, konnten aber durch diese Reisen wenig mehr als lokale Geografiekenntnisse liefern. Der wesentliche Durchbruch kam im

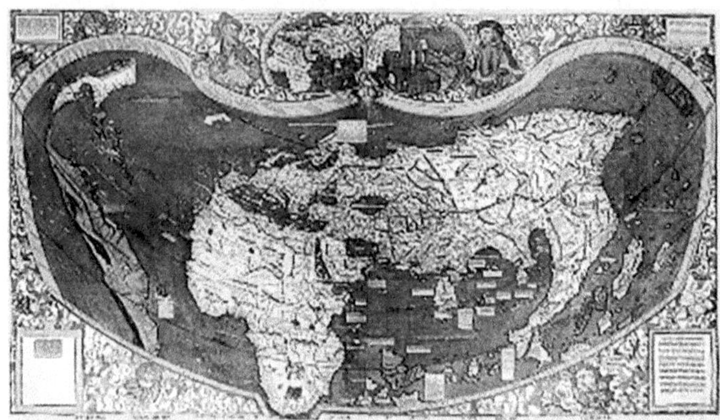

Abb. 11.1 Die Karte der Erde im Jahre 1507, von Martin Waldseemüller

fünfzehnten Jahrhundert, mit dem Bau der Karavelle, einem außerordentlich manövrierfähigen portugiesischen Segelschiff mit ein oder zwei Masten. Damit konnte Vasco da Gama Afrika umsegeln, bis Indien, Kolumbus und Cabral Nord bzw. Südamerika entdecken, und Magellan schließlich die Welt umsegeln. Das gab der Menschheit zum ersten Male eine Landkarte der Erde. Die Karte des deutschen Kartografen Martin Waldseemüller aus dem Jahre 1507 führte den Namen Amerika ein für die neu entdeckten westlichen Kontinente (Abb. 11.1).

Auf dieser Karte können wir leicht den globalen Zugweg des Amurfalkens identifizieren, von Nord-Ost-Asien nach Südafrika, Indien überquerend; der europäischen Rauchschwalbe von Nordeuropa nach Südafrika; und der Küstenseeschwalbe von der Arktis in die Antarkt is, hin und her zwischen Afrika und Südamerika. Diese Vögel, und viele andere, müssen also seit Jahrtausenden in ihrem Denken verankert gehabt haben die in dieser Karte dargestellten Gegebenheiten – die den Menschen erst seit etwa 500 Jahren bekannt sind.

Wir fühlen die Schwerkraft – wenn wir einen Stein fallen lassen, fällt er zu Boden. Aber wir haben kein Gefühl für Magnetismus, und dass die Stärke des irdischen Magnetfeldes sich mehr als verdoppelt zwischen Äquator und Arktis, das bedeutet uns nichts. Wegen der Unregelmäßigkeiten des flüssigen Eisenkerns der Erde schwanken sowohl das Magnetfeld als auch die Schwerkraft von Ort zu Ort auf der Erdoberfläche. Das schafft sowohl magnetische als auch schwerkraftbestimmte Rasterkarten – Karten, die uns unbekannt waren vor Einführung hochtechnologischer Messinstrumente (Abb. 3.6 und 3.7). Wir sehen nur eine endlose, monotone Wasseroberfläche; die Hügel und Täler unter Wasser erzeugen jedoch detaillierte Schwerkraftvariationen, und die Fluktuationen des Erdkerns ähnliche Variationen des Magnetfeldes. Wir wissen, dass gewisse Vogelarten geringfügige Änderungen in sowohl Magnetfeld als auch Schwerkraft „fühlen" können. In vielen Teilen der Erde liefert ihnen das ein Koordinaten-Raster zur Orientierung an der Erdoberfläche.

Die Geografie der Vögel

Um etwas besser zu verstehen, wie so eine Geografie aussehen könnte, überlegen wir uns einmal, wie unser Sturmtaucher AX6578 den Weg von Boston zurück nach Skokholm finden konnte. Er hatte viel Erfahrung mit Flügen über der Küste von Wales und dem angrenzenden Atlantik. Daher wusste er, dass wenn man vom Land auf die See hinausflog, man die Sonne auf einem Halbkreis auf der linken Seite hatte; wenn man aber von weit auf dem Meer, fern von jedem Land, zurück wollte, dann musste man wenden und die Sonne rechts halten. Er hatte also die Regeln gelernt: „auf die See, Sonne links", „zurück nach

Hause, Sonne rechts". Diese Hinweise sind offensichtlich sehr hilfreich für die Entscheidung zwischen ostwärts oder westwärts. Außerdem kannte der Vogel die Magnetfeldstärke zu Hause (um 48.000 Tesla in unseren Einheiten) und die entsprechende Inklination des Magnetfeldes (um 70°). Beide Werte steigen an nach Norden, nehmen ab nach Süden (siehe Abb. 3.7), sodass Skokholm auf einer Art von magnetischem Abhang lag, der von Süden nach Norden anstieg. Als der Vogel in Boston freigelassen wurde, bemerkte er dort eine etwas höhere magnetische Stärke (etwa 55.000 Tesla), aber ungefähr die gleiche Inklination wie zu Hause. Außerdem, wenn er von der Neu England Küste auf die See flog, stand die Sonne rechts. Nach einiger Überlegung beschloss er daher richtigerweise „fliege mit der Sonne rechts, etwas bergab in Magnetfeldstärke, aber auf der gleichen Inklination". Die Schwerkraftwerte unterstützten diese Entscheidung. Zu Hause lag die Gravitationskonstante g über dem Mittelwert, während sie in Boston um einiges darunter lag (Abb. 3.6). Wenn er ostwärts flog, stieg g langsam immer mehr an, auf den Wert zu, den er aus Wales kannte; es war also alles in Ordnung.

Wir hatten gesehen, dass weit draußen auf dem Meer der Vogel aus Erfahrung wusste, dass er die Sonne in der rechten Halbkugel halten musste, wenn er zurück nach Hause wollte. Aber was würde passieren, wenn sich der Himmel plötzlich zuzog, währen der Vogel draußen auf dem Meer war? Dann war ein neuer Hinweis erforderlich, und der wurde in der Tat durch Stärke und Inklination des Magnetfeldes geliefert. Wenn man auf die See hinausflog, beide nahmen nach rechts zu und nach links ab; für den Rückflug, musste man das also umkehren. Der Vogel wusste, dass ohne Sonne er den Abfall der magnetischen Größen rechts halten und in Richtung zunehmender Schwerkraft fliegen musste, um nach Hause zu gelangen. Die drei Observablen, Sonnenstand, Magnetfeld und Schwerkraft, sind also in der Tat redundant: eine würde schon genügen. In vielen Experimenten hat man festgestellt, dass die Vögel die Sonneninformation bevorzugen, wenn sie die Wahl haben, und so hat wohl auch der in Boston freigesetzte Sturmtaucher die bei seiner Freilassung strahlende Sonne benutzt.

Um den Nutzen zusätzlicher Information zu erkennen, nehmen wir an, dass der Vogel aus dem westlichen Russland in das innere Sibirien versetzt wäre, auf dem gleichen Breitengrad, und in einem Gebiet ohne bemerkenswerte Landmarken. Er würde feststellen, dass die Magnetfeldstärke beträchtlich zugenommen hat, von 50.000 Tesla am Ausgangspunkt auf 60.000 Tesla am Endpunkt, und dass sie allgemein gen Süden abnimmt. Die magnetische Inklination ist flach in Ost-West Richtung und nimmt gen Süden ab. Ohne weitere Information wäre daher eine Richtungsentscheidung zwischen Ost und West nicht möglich. Die Schwerkraft ist jetzt die Rettung: sie nimmt beträchtlich ab gen Osten, auf den bekannten Ausgangswert zu.

Die Geografie ist also notwendig für viele Vogelarten, nicht jedoch für die meisten Menschen; die Evolution hat deshalb auf eine viel detaillierte Vogelgeografie geführt. Für die meisten Europäer war es ziemlich unwichtig, ob der Seeweg nach Indien gefunden wurde; der Weg von Skandinavien nach Südafrika hingegen war lebensnotwendig für viele Vogelarten. Uns hat erst die moderne Technologie auf ein Niveau der Geografie gebracht, das dem der Vögel vergleichbar ist.

Literatur

M. Steinberg, *Avian Geography*, Geographical Review 100 (2010) 2

12

Fliegen lernen

Seguir con gli occhi un airone sopra il fiume
e poi ritrovarsi a volare
e sdraiarsi felice sopra l'erba ad ascoltare un sottile
dispiacere.
Capire tu non puoi, tu chiamale se vuoi: emozioni.

Folge mit den Augen einem Reiher über dem Fluss
und plötzlich meinst du selber zu fliegen
und dann liegst du beglückt im Gras und fühlst doch
einen stillen Kummer.
Verstehen kannst du es nicht, aber wenn du willst,
kannst du es Ergriffenheit nennen.

Emozioni
Lucio Battisti (1943–1998)
Italienischer Sänger und Komponist

Die Menschen haben immer neidisch auf die Vögel da oben geblickt – die können fliegen, wir können es nicht. Und die Menschen haben viele Jahre lang versucht, diesen Nachteil

© Der/die Autor(en), exklusiv lizenziert an Springer-Verlag GmbH, DE, **131**
ein Teil von Springer Nature 2026
H. Satz, *Die Wege der Vögel*,
https://doi.org/10.1007/978-3-662-72843-7_12

zu überwinden – von Ikarus bis Leonardo da Vinci, von Montpellier und Otto Lilienthal bis zu den Wright Brüdern. Jahrhundertelang blieb diese Herausforderung ungelöst: können Menschen fliegen lernen? Und wenn sie das lernen könnten, könnten sie dann mit den Vögeln fliegen?

Die Menschen verfügen nicht über die den Vögeln von der Natur gegebenen „Fluggeräte" und müssen somit auf eine angewandte Wissenschaft, eine Technologie, zurückgreifen. Die Flügel des Ikarus, aus Federn und Wachs gebaut, genügen einfach nicht. Was gibt es also für Kräfte in der Natur, die einen Auftrieb liefen können. Die Physik liefert dazu im Wesentlichen zwei Antworten.

Das Prinzip des Archimedes

Heiße Luft steigt auf, da sie weniger dicht ist als ihre Umgebung: das ist einfach ein Beispiel von Archimedes' Prinzip, nach dem Holz auch im Wasser schwimmt und nicht untergeht. Eine Quelle von Luft heißer als die der Umgebung wird also nach oben getrieben. Und es war seit langem bekannt, dass kleine Heißluftballons in der Luft aufsteigen. Die Chinesen hatten solche Kongming Laternen bereits seit dem Altertum für militärische Zwecke benutzt. Die Anwendung dieses Prinzips um Menschen in die Luft zu befördern wurde zuerst 1783 von den Brüdern Jacques und Joseph Montgolfier in Frankreich eingesetzt; ihre Mannschaft stieg einige hundert Meter in einem Heißluftballon auf (Abb. 12.1). Mit Hilfe von zusätzlichen Segeln und Propellermaschinen wurde es sogar möglich, einige Entfernungen gerichtet zu fliegen, allerdings nur auf eine etwas willkürliche und nicht sehr regulierbare Weise. Ein Fortschritt kam mit den Zeppelin Luftschiffen anfangs des 20. Jahrhunderts, mit Wasserstoffgas für den Auftrieb, Pro-

Abb. 12.1 Montgolfiers Heißluftballon

peller für den Antrieb und Ruder zum Steuern. Für Vögel ist dieses Prinzip nur indirekt nützlich: Kraniche und Gänse benutzen den thermischen Auftrieb, um sie in größere Höhen zu bringen, aber der eigentliche Grund für den Aufstieg ist ein anderer.

Das Bernoullische Gesetz

folgt aus dem zweiten Newtonschen Gesetz der Mechanik; es ist benannt nach dem Schweizer Physiker Daniel Bernoulli (1700–1782). Wir betrachten Gas, das durch eine Röhre fließt. Wenn der Durchmesser der Röhre plötzlich geringer wird, muss das Gas schneller fließen, um durch zu kommen. Da die Gesamtenergie der Moleküle sich nicht ändert, bedeutet schnellerer Fluss in Längsrichtung, dass die Bewegung in der senkrechten Richtung abnehmen muss, d. h., der Druck auf die Wände der Röhre muss geringer werden. In anderen Worten, schnellerer Fluss bedeutet niedrigeren Druck, langsamerer Fluss höheren Druck (Abb. 12.2).

Betrachten wir nun einen idealisierten Vogelflügel in einem Windtunnel. Der Fluss über dem Flügel nimmt zu, der unter dem Flügel ab (Abb. 12.3). Es folgt, dass der Druck über dem Flügel abnimmt, der von unten ansteigt –

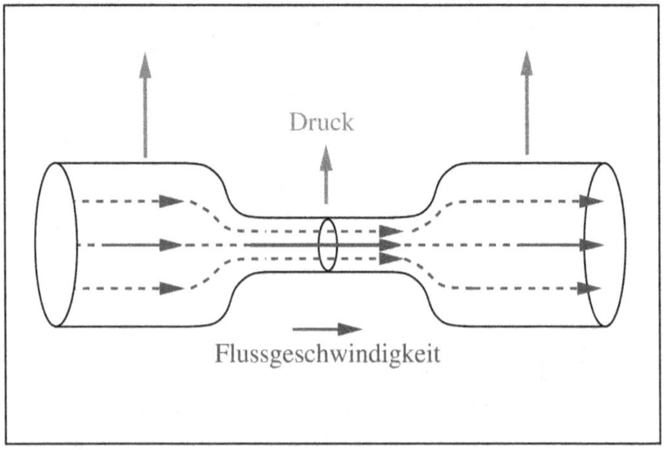

Abb. 12.2 Das Verhältnis von Druck und Flussgeschwindigkeit in einer Röhre

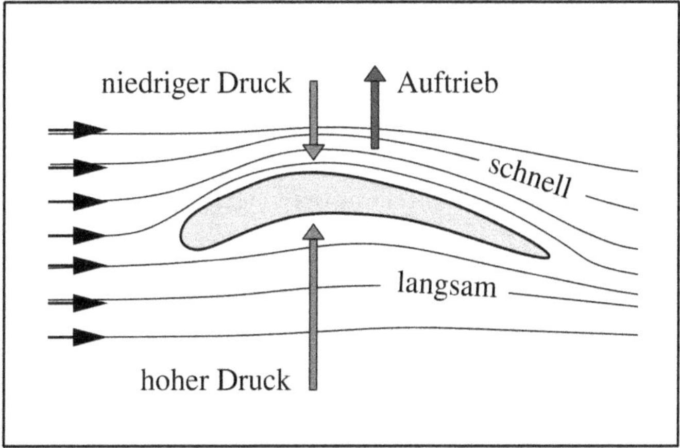

Abb. 12.3   Das Verhältnis von Druck und Flussgeschwindigkeit für einen Flügel

das Gesamtergebnis ist Auftrieb. Der kritische Punkt ist hier der Fluss der Luft relativ zum Flügel – es ist egal, ob der durch Luftbewegung oder durch die Bewegung des Vogels durch das Medium entsteht.

Wir betonen hier, dass kein Flügelschlag notwendig ist, um Höhe zu gewinnen – der war nur zunächst notwendig, um dem Vogel die gewünschte Fluggeschwindigkeit zu geben. Albatrosse benutzen aber die Bewegung der Luft, um diese Fluggeschwindigkeit zu erreichen – sie können daher die Flügel immer in fester Stellung lassen.

Wirklich kontrollierte Flüge von Menschen begannen in den späten 1980er-Jahren mit Otto Lilienthal, der Aerodynamik in einigem Detail studiert hatte und die Ergebnisse benutzte, um Gleitflugzeuge mit festen Flügeln zu bauen. Sie starteten von hohen Punkten aus und flogen dann in oszillierender Weise abwärts, wobei sie Luftdruckvariationen benutzten, oder sie wurden maschinell gegen den Luftdruck hochgezogen, um danach wieder abwärts zu fliegen.

Das eigentliche Ziel, ein Flugzeug, das Höhe und Geschwindigkeit durch eigene Kraft erzeugen konnte, wurde im frühen zwanzigsten Jahrhundert erreicht, mit den Gebrüdern Wright und ihren Nachfolgern: der Propeller der Flugzeugmaschine lieferte die notwendige Geschwindigkeit durch die Luft, die Einstellung der Flügel und Geschwindigkeitsänderungen ergaben Aufstieg, Abstieg oder konstanten Flug. Menschen konnten also tatsächlich fliegen …

Flugformationen der Vögel

Vögel fliegen über lange Strecken, wie etwa im Vogelzug, in verschiedenen Gruppierungen: einzeln, wie die meisten Seevögel, wie Sturmtaucher oder Seeschwalben; in V-Form oder aufgereiht, wie Kraniche oder Gänse; oder in Schwärmen, Ansammlungen von Hunderten oder Tausenden von Vögeln, wie Stare. Die Aerodynamik dabei wollen wir etwas näher betrachten.

Wenn der Vogel seine Flügel schlägt, drückt er die Luft darunter nach unten; im Gegenzug wird die Luft hinter den Flügelspitzen nach oben gedrückt, in der sogenannten Bugwelle (Abb. 12.4). Das führt dazu, dass ein weiterer, direkt hinter einer Flügelspitze fliegender Vogel einen Auftrieb verspürt, der das Fliegen ohne irgendwelche Anstrengung leichter macht.

Im Falle von Formationsflug steigen die Vögel zunächst einfach auf und versuchen, Höhe zu gewinnen, wenn möglich mit thermischen Aufwinden. Wenn sie die gewünschte Höhe erreicht haben, ordnen sie sich in der einen oder anderen der erwähnten Formationen ein (Abb. 12.5).

Der wesentliche Vorteil eines solchen Formationsfluges ist, wie wir gerade gesehen haben, die Energieersparnis: die Flügelbewegung des vorderen Vogels erzeugt einen Auftrieb

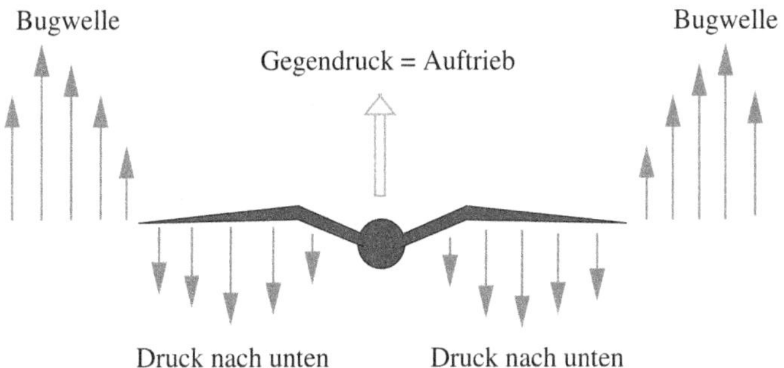

Abb. 12.4   Luftbewegung beim Vogelflug

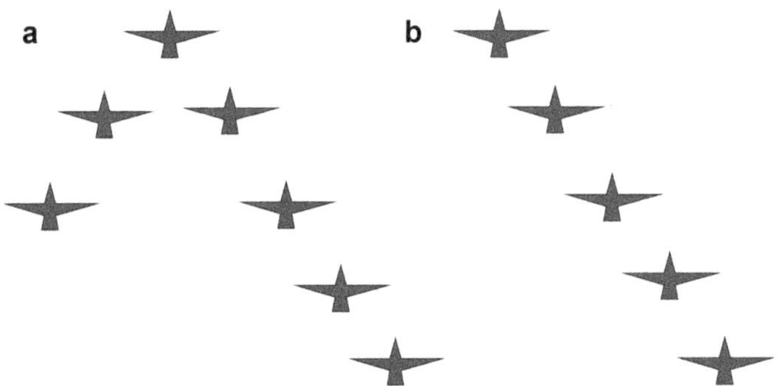

Abb. 12.5   Vogelflugformationen: **(a)** V-Form, **(b)** Reihe

für den nachfolgenden. Der führende Vogel erfährt natürlich keine solche Ersparnis, und so wechseln die Vögel mit der Zeit ihre Positionen. Ein weiterer Vorteil ist, dass die Vögel einander im Blickfeld haben und sich verständigen können, oder von Raubvögeln warnen. Zudem lernen junge Vögel so den Weg von den älteren und können diese Information für zukünftige Flüge abspeichern. Diese Aspekte gelten besonders für nicht zu große Anzahlen von großen und schweren Vögeln, mit beträchtlicher Flügelspanne und nicht so schnellen Schlagraten.

Für große Anzahlen kleiner Vögel machen solche geordneten Flugformationen nicht viel Sinn. Wenn Hunderte oder Tausende von Staren gemeinsam zusammen fliegen, dann erzeugt die Vielzahl schlagender Flügel turbulente Luftbewegung, sodass andere Faktoren ins Spiel kommen. Die wesentlichen Ziele sind jetzt die Koordination der Flugrichtung und das Verhindern von Raubvogelangriffen.

Literatur

H. Satz, *The Rules of the Flock*, Oxford Univ. Press

13

Mit den Vögeln fliegen

*Wenn ich ein Vöglein wär' und auch zwei Flügel hätt',
flög' ich zu dir. Weil's aber nicht kann sein, bleib' ich
all hier.*

Deutsches Kinderlied

Menschen können also fliegen; mit den Vögeln zu fliegen ist aber schon schwieriger. Wie können wir ihnen mitteilen, dass wir zusammen fliegen möchten? Viele Versuche, das Verhalten der Vögel zu verstehen, führten nur zu dem Schluss, dass wir leider nicht mit ihnen reden können. Es gibt aber tatsächlich einige wenige Fälle, in denen Menschen und Vögel erfolgreich miteinander kommuniziert haben. Ich möchte dieses Buch abschließen mit den vielleicht eindrucksvollsten Beispielen dazu.

Der berühmte österreichische Zoologe Konrad Lorenz, einer der Begründer des Studiums von tierischem Verhalten (Ethologie), hatte das Phänomen der *Imprintation* von frü-

© Der/die Autor(en), exklusiv lizenziert an Springer-Verlag GmbH, DE, **139**
ein Teil von Springer Nature 2026
H. Satz, *Die Wege der Vögel*,
https://doi.org/10.1007/978-3-662-72843-7_13

hem Kindheitserfahrungen bei Gänse entdeckt: die ersten Wesen, auf die sie in ihrer Frühzeit nach dem Schlüpfen trafen, die betrachteten sie als ihre Familie, ihre Eltern. Das ist offenbar sehr nützlich, da die frisch geschlüpften Küken sich sofort an ihre Mutter banden und ihr überall hin folgten. Lorenz demonstrierte diese Form von Imprintation an sich selbst: er half den Küken beim Schlüpfen und danach betrachteten sie ihn als ihren „Vater", folgten ihm umher, bettelten um Nahrung und Schutz, und bestanden auf seiner Anwesenheit. Hier können Vögel und Menschen also doch miteinander „reden", und wie es sich zeigte, auch zusammen fliegen.

Kommt mit, Gänse!

Der erste, soweit ich weiß, der das benutzte, war ein vieltalentierter Kanadier namens William (Bill) Lishman, 1937 geboren. Er war Bildhauer, Naturforscher, Flieger, Author, und noch viel mehr. Er hatte von den Arbeiten von Lorenz gehört und 1988 beschlossen, einige Eier von kanadischen Gänsen auszubrüten. Die Küken schlüpften und, wie erwartet, betrachteten Bill als ihren Vater. Als sie größer wurden, begann er recht schnell auf seinem Motorrad über das Farmgelände zu fahren, und die Gänse lernten ihm zu folgen, sie liefen so schnell sie konnten. Er beschloss dann, sein Motorrad mit Flügeln zu versehen, und er führte kurze Flüge durch, mit den Gänsen hinter ihm. Schließlich verwandelte er sein Fluggerät in ein einfaches, manövrierbares Flugzeug mit festen Flügeln. Damit konnte er dann am Himmel kreisen, mit einer Schar von 12 Gänsen neben oder hinter ihm (Abb. 13.1). Somit flogen im Jahre 1988 zum ersten Mal (soweit ich weiß) Menschen und Vögel zusammen, und beide erfreuten sich daran sehr.

Abb. 13.1   Bill Lishman mit seinen Gänsen. (Foto Carmen Lishman)

Lishman hat ein sehr schönes Video von diesem Abenteuer produziert; man kann es im Internet unter dem Titel „*C'mon Geese*" aufrufen, und es wurde schließlich international verbreitet von dem American Public Broadcasting Servie PBS.

Letztlich führte das Ganze aber zu einem Problem, das selbst Konrad Lorenz nicht vorhergesehen hatte. Gänse sind Zugvögel, und in der Wildnis verlassen sie jeden Herbst ihre nördlichen Gefilde, um den Winter weiter südlich zu verbringen. Der Weg des Vogelzugs ist nicht erblich; ältere erfahrene Vögel, die ihn kennen, führen ihn an und zeigen ihn den Jungen, die ihn so lernen und später von sich aus fliegen können. Was passiert nun, wenn die Gänse auf Menschen fixiert sind und nicht wissen, wohin sie fliegen sollen, wenn die Zeit für den Vogelzug kommt? Es war also klar, dass Lishman noch nicht alle Hausaufgaben erledigt hatte. Deshalb flog er 1993 mit einer Schar von 18 unerfahrenen Gänsen von Kanada zu einem potenziellen Wintergebiet in Virginia, mit einer Anzahl von Zwischenstops. Die offene Frage war nun, ob die Gänse Kanada als ihre Heimat ansahen und im nächsten Frühjahr dahin zurückkehren würden. Sie verließen Virginia tatsächlich im Frühjahr, Ziel unbekannt. Natürlich erlebten Lishman und seine Mitarbeiter einen wahren Begeisterungsausbruch, als sie zwei Wochen später die Nachricht erhielten, dass 16 der 18 Gänse sicher in Ontario eingetroffen waren, auf „ihrer Farm". Im folgenden Jahr kaufte Hollywood die Filmrechte für diese Geschichte und machte daraus 1996 einen sehr erfolgreichen Film, *„Fly Away Home"*.

Zu dieser Zeit wurde das Thema menschlich geleiteter Vogelflüge auch in Europa weiter untersucht.

Die Gänse des Christian Moullec

Ein französischer Meteologe, Christian Moullec, hatte die Herausforderung angenommen. Im Jahre 1995 zog er eine Anzahl Zwergblässgänse (*Anser erithropus*) auf. Er ließ deren Eier ausbrüten und brachte danach die Gänseküken in das nördliche Skandinavien. Die Art wird als gefährdete Spezies betrachtet, und sein Versuch war ein Teil des Plans, die dort wieder einzuführen. Die Gänse waren mit ihm aufgewachsen; sie folgten ihm nicht nur ständig, wohin er auch ging – er hatte ihnen danach auch beigebracht ihm zu folgen, wenn er mit einem ultraleichten Gleitflugzeug flog (Abb. 13.2).

Als die Zeit für den Vogelzug kam, verließ er Skandinavien gen Süden in seinem Leichtflieger, mit 30 Gänsen hinter sich. Im Laufe des Fluges entschieden sich drei Gänse, die Schar zu verlassen, sodass nach einigen Wochen Flug, mit vielen Ruhepausen, 27 Gänse das geplante Winterquar-

Abb. 13.2 Christian Moullec im Flug mit seinen Gänsen

tier in Süddeutschland erreichten. Im Oktober verließ er sie dort, „seine Kinder", mit Tränen in de Augen. Im folgenden Sommer fuhr er wieder zu dem fraglichen See in Schweden, um zu prüfen … Er fand 15 seiner Gänse dort, die ihn begeistert begrüßten. Die anderen waren wohl in verschiedene Scharen in Deutschland aufgenommen und mit ihnen in deren entsprechende Nistgebiete geflogen.

Das Waldrapp Projekt

Der nächste Fall betrifft die Spezies des sogenannten Waldrapps, eine Art Kahlkopf-Ibis. Es ist ein Vogel etwa von der Größe eines Puters, mit glänzenden schwarzen Federn und einem kahlen roten Kopf (Abb. 13.3). Er wurde viel gejagt und sein Fleisch wurde als Delikatesse betrachtet, mit der Folge, dass er um 1630 in Mitteleuropa ausgerottet war.

Abb. 13.3 Waldrapp (Geronticus eremita)

Kleinere Gruppen überlebten in Marokko und in der Türkei, aber er wird in der Spitzengruppe der „gefährdeten Spezies" geführt; im Jahre 2005 gab es noch etwa 500 frei-
lebende Vögel, und etwa 2000 in Gefangenschaft. Um

2000 schlug Österreich einen Plan vor, nach dem die Vögel in Mitteleuropa wieder angesiedelt werden sollten, und 2014 wurde ein langfristiges Projekt der Europäischen Union mit diesem Ziel bewilligt. Zu dieser Zeit war der Waldrapp als freilebender Vogel bereits weitgehend ausgerottet, bis auf kleinere Gruppen (< 200) in Marokko. Das Projekt sollte also eine fast ausgerottete Spezies wieder einführen, unter wissenschaftlicher Leitung.

Zu diesem Zweck plante man, drei oder vier Waldrapp-Kolonien in Deutschland und Österreich einzurichten, mit einem gemeinsamen Winter-Gebiet in der Toskana. Das letztere war notwendig, da die Vögel von Würmern und Insekten leben und somit Zugvögel sind; sie müssen den Winter in wärmeren, südlichen Regionen verbringen. Das führte zu dem gleichen Problem wie bei den Gänsen; es gab keine älteren Waldrapp Vögel, die den Jungen den Weg zeigen konnten. Die Leitung des Projekts hatte Johannes Fritz, ein Biologe von der Universität Wien, dessen intensive Bemühungen die Sache in Gang brachten. Sie besorgten sich Eier von Waldrapp-Vögeln in Gefangenschaft, ließen sie ausbrüten und bestimmten zwei Patenmütter für die frisch geschlüpften Küken. Diese „Mütter" trugen gelbe Hemden, fütterten und liebkosten die Küken, und riefen sie immer mit dem gleichen Ruf. Nach einigen Wochen waren die Küken fest assoziiert, und als die Mütter anfingen, mit einem Leichtflugzeug zu fliegen, waren sie bereit, in die Toskana mitzukommen (Abb. 13.4). Sie behielten die Sache aber im Blick – sie kamen nur mit, wenn ihre Gelbhemden-Mütter im Flieger waren.

Inzwischen ist eine Anzahl solcher Flüge von Bayern in die Toskana durchgeführt worden. Ab 2011 haben die Vögel von sich aus den Weg wieder nach Norden gefunden, und es hat auch schon erfolgreiche Flüge gegeben, mit denen die älteren erfahrenen Vögel den Jungen den Weg nach Süden gezeigt haben. Einige Zeitlang war die Jagd in

Abb. 13.4 Der Waldrapp-Vogelzug über den Alpen. (Foto C. Esterer)

Italien ein beachtliches Problem. Alle Vögel trugen aber Positionsbestimmer, durch die man die „Vogeltöter" orten konnte; zusammen mit intensiver Aufklärung und strengen Strafen konnte man so die Verluste durch Jagen rasch reduziere. Das EU Projekt wurde verlängert und man hofft jetzt, dass bis 2028 wieder genügend Waldrapp-Vögel frei leben und auch ihren Vogelzug durchführen, sodass man die Spezies wieder als „freilebend in Europa" betrachten kann.

Die Menschen können also nicht nur fliegen; sie können auch Vögel dazu bringen, mit ihnen ein gemeinsames Ziel aufzusuchen.

Wir möchten abschließend bemerken, dass das es nicht viel schriftliches Material für dieses Kapitel gibt. Weitere Information ist am besten erhältlich über das Internet (Google) unter Angabe des entsprechenden Themas und/ oder der Projektleiter.

Literatur

Johannes Fritz et al., *Back to the Wild*, International Zoo Yearbook 51 (2017) 107.
William Lishman and Josep Duff, *Father Goose*, Crown 1996
Christian Moullec, *Voler avec les oies sauvages*, Ouest France 2000
https://waldrapp.eu

Schlusswort

Bis vor etwa 100 Jahren meinte man, dass die Navigation der Vögel so ähnlich ablief wie die der Menschen. Im Herbst würden die Vögel aus dem skandinavischen Norden nach Süden fliegen, mit der Richtung im Wesentlichen durch die Sonne bestimmt, und dann Landmarken wie Küsten, Flüsse und Gebirge benutzen, um ihr Ziel im Süden zu erreichen. Das Benutzen solcher Landmarken bedeutete dabei oft, dass erfahrene ältere Vögel den jüngeren die Einzelheiten des Weges aufzeigten.

Die Einsicht, dass etliche Spezies von Vögeln ein viel größeres Repertoire an Navigationsmethoden besaßen, kam aus zwei Richtungen. Eine war gegeben durch die Rückkehrexperimente, wie etwa das mit dem Sturmtaucher. Das

© Der/die Herausgeber bzw. der/die Autor(en), exklusiv lizenziert an Springer-Verlag GmbH, DE, ein Teil von Springer Nature 2026
H. Satz, *Die Wege der Vögel*, https://doi.org/10.1007/978-3-662-72843-7

größte Navigationsproblem für menschliche Seefahrer war bis vor kurzem die Bestimmung des Längengrades, also der Ost-West-Position. Wir hatten bereits erwähnt, dass etliche Schiffe der britischen Marine, dabei auch das mit ihrem Admiral Shovell, im Jahre 1805 ein Ende fanden an den felsigen Küsten der Scilly Inseln, an der französischen Küste, wegen falscher Längengrad-Bestimmung. Der Sturmtaucher, den Ronald Lockley nach Venedig gebracht und dort freigesetzt hatte, flog nicht nach Südwesten, über das offene Mittelmeer, sondern stattdessen nach Nord-Osten, über die Alpen. Er flog nach Hause, nach England; er kannte anscheinend seine derzeitige Längengradposition und auch die seiner Heimat. Und der andere Vogel, AX687, der in Boston freigesetzt wurde, flog nicht nach Westen, in Richtung Land, sondern nach Osten, auf den offenen Atlantik, in Richtung Großbrittanien. Auch er muss also seine tatsächliche Position und die seiner Heimat gekannt haben.

Und diese Längengradkenntnis der Vögel ist offensichtlich recht genau. Der Albatros, der von der Westküste Amerikas aus nach Hawaii zurückflog, hatte ein Ziel, das tausende von Kilometern entfernt war und einen Winkel von weniger als drei Grad bot. Bei einer Ungenauigkeit von fünf Grad bei dem Fluge hätte der Vogel die Inseln nicht erreicht.

Wir haben also gesehen, dass viele Arten von Vögeln überall auf Erden immer wissen, wo sie sind. Wir haben gesehen, dass ein Albatros, irgendwo in den endlosen Weiten des pazifischen Ozeans, selbst an einem wolkigen Tag, weiß wo er ist und wie er nach Hause kommen kann. Wenn erwachsene Stare auf ihrem Vogelzug von Skandinavien in die Bretagne in Holland gefangen werden und 1000 km weiter nach Osten versetzt werden, dann durchschauen sie die Sache und fliegen nach Westen statt nach Süden. Ähnliches gilt für die Schilfrohrsänger, die auf ihrem Wege von Ostpreußen zum Ladogasee 1000 km nach Osten verschoben wurden; sie korrigieren den Effekt dieser Verschiebung, indem sie nach Westen fliegen und ihr Ziel erreichen. In diesen und vielen anderen Fällen wären Menschen ohne die moderne Technologie völlig verloren. Die Vögel müssen also über eine innere Form solcher Technologie verfügen, denn in den erwähnten Fällen gab es keine Landmarken, die sie hätten leiten können. Für die Schwalben, die aus Deutschland nach Südafrika oder von Nordamerika nach Argentinien fliegen, gibt es wohl geografischen Hinweise.

In den letzten Jahren haben verschiedene Untersuchungen gezeigt, dass Stärke und Inklination des irdischen Magnetfeldes, und auch die Stärke der Schwerkraft, den Vögeln eine effektive Landkarte liefern können, die sie zur Navigation benutzen können. Zusätzlich können sie natürlich auch die Sonnen- und Sterninformation einsetzen, die für die frühen menschlichen Seefahrer die einzigen Mittel bildeten. Im Falle der Schilfrohrsänger konnte man in der Tat zeigen, dass sie verloren waren, wenn man ihnen die Magnet-Information nahm, durch Ausschalten des Trigeminal-Nervs.

Wir können somit recht sicher sein, dass Vögel wie der Albatros, der Sturmtaucher oder die Seeschwalbe, wenn sie über den endlosen und für uns monotonen Ozeane fliegen, durch das irdische Magnetfeld, die Schwerkraft, sowie die Sonnen- und Sternpositionen eine strukturierte Landkarte erhalten, die sie zur Navigation benutzen können. Und ihr globales Positionssystem (GPS), im Gegensatz zu unserem, benötigt keine Satelliten und mehr; es funktioniert einfach durch die von der Natur gelieferte Information. Der scheinbar eintönige, endlose Ozean, auf dem die Menschen sich so leicht verirren, ist für die Vögel eine dreidimensionale Fläche, mit einer Vielzahl von magnetischen und Schwerkraftlandmarken. Der Albatros, der vor der Küste von Brasilien nach Fischen sucht, kann zu seinem Nest vor Neuseeland zurückfliegen, ohne je Land zu sehen. Er sieht stattdessen etwas, was für uns belanglose Zeichen sind …

Der zweite Grund für unsere heutige zusätzliche Information sind die miniaturisierten elektronischen Messgeräte. Wir können ein solches Gerät an einem Albatros oder an einer Seeschwalbe anbringen und damit dem Weg des Vogels in Raum und Zeit verfolgen. Das hat uns gezeigt, dass die Seeschwalbe nicht einfach über einer eintönigen Meeresoberfläche hin und herfliegt, sondern dass sie der unsichtbaren die magnetischen und Schwerkraftstruktur der Erdoberfläche folgt. Sie weiß immer, „wo sie ist". Genauso können wir bestätigen, dass ein gegebener Albatros die Erde in der Antarktis mehrmals umkreist hat, und an jedem Punkt wusste er genau, wo sein Nest ist.

Der Entwicklung der modernen GPS Technologie in unserer menschlichen Welt fand somit erst weit nach der biologischen Evolution der Navigation der Vögel statt. Die Vögel waren und sind uns wohl auch jetzt noch voraus, was die Navigation betrifft. Denk daran, wenn du über dir eine Schwalbe fliegen siehst: sie kennt den Weg nach Südafrika, ohne die Hilfe irgendwelcher Geräte …

Allgemeine Literatur

D. E. Alexander, *Nature's Flyers*, The Johns Hopkins University Press, 2002

Per Bak, *How Nature works*, Springer New York, 1996

Rebecca Heisman, *Flight Paths,* Swift Press London 2023

Konrad Lorenz, *Er redete mit den Vögeln, dem Vieh und den Fischen*, Rowohlt 19xx

Werner Nachtigall, *Vogelflug und Vogelzug*, Rasch und Rühring Verlag, Hamburg-Zürich 1987

Klaus Richarz, *Vogelzug*, WBG Darmstadt 2019

H. G. Wallraff, *Avian Navigation: Pigeon Homing as a Paradigm*, Springer 2005

H. Satz, *Die Wege der Vögel*, https://doi.org/10.1007/978-3-662-72843-7

Personenverzeichnis

Sachverzeichnis

GPSR Compliance
The European Union's (EU) General Product Safety Regulation (GPSR) is a set
of rules that requires consumer products to be safe and our obligations to
ensure this.

If you have any concerns about our products, you can contact us on

ProductSafety@springernature.com

In case Publisher is established outside the EU, the EU authorized
representative is:

Springer Nature Customer Service Center GmbH
Europaplatz 3
69115 Heidelberg, Germany